「联创世纪
LINCREATION」

移动互联网运营
"1+X"证书制度系列教材

移动互联网运营实训（初级）

曾令辉 赵旭 倪海青 主编

联创新世纪（北京）品牌管理股份有限公司 组编

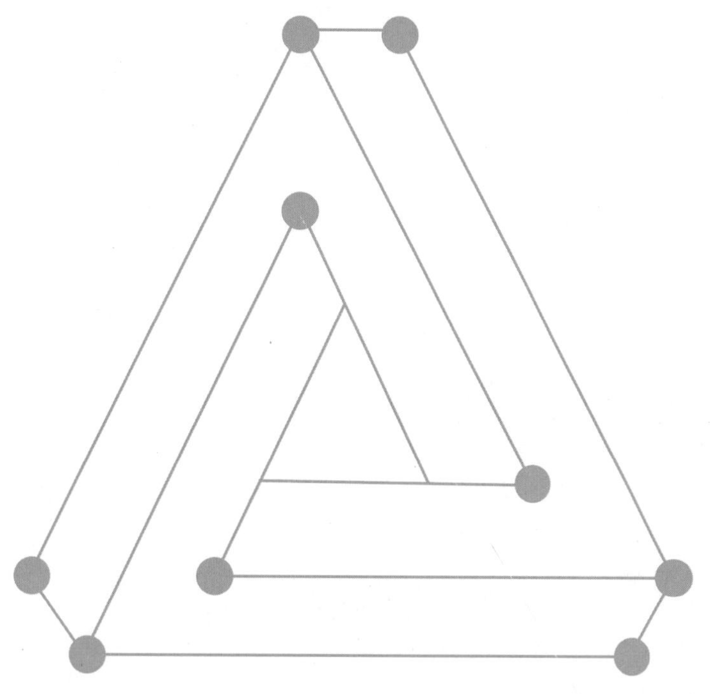

人民邮电出版社
北京

图书在版编目（CIP）数据

移动互联网运营实训 ： 初级 / 曾令辉，赵旭，倪海青主编 ； 联创新世纪（北京）品牌管理股份有限公司组编. -- 北京 ： 人民邮电出版社，2021.5
移动互联网运营“1+X”证书制度系列教材
ISBN 978-7-115-56088-9

Ⅰ. ①移… Ⅱ. ①曾… ②赵… ③倪… ④联… Ⅲ. ①移动网－运营管理－职业培训－教材 Ⅳ. ①TN929.5

中国版本图书馆CIP数据核字(2021)第063651号

内 容 提 要

本书根据教育部“1+X”证书制度——“移动互联网运营职业技能等级证书”试点工作要求，结合《移动互联网运营职业技能等级标准》细则，介绍了移动互联网运营领域的基本工作方法。

本书为《移动互联网运营（初级）》的配套教材，书中以移动互联网基础运营、用户沟通与服务、活动运营、生活服务平台基础运营等4个工作领域的工作任务为主体内容，提供每项任务的背景、分析和步骤，让读者掌握操作技能。

本书主要面向职业院校的在校学生，以及希望学习移动互联网运营相关知识和技能的社会人士。读者通过练习书中每个工作领域的工作任务，可以掌握每项工作任务的分析方法和操作步骤，进而掌握移动互联网运营相应工作岗位的技能。

◆ 主　　编　曾令辉　赵　旭　倪海青
组　　编　联创新世纪（北京）品牌管理股份有限公司
责任编辑　颜景燕
责任印制　王　郁　彭志环

◆ 人民邮电出版社出版发行　　北京市丰台区成寿寺路11号
邮编　100164　　电子邮件　315@ptpress.com.cn
网址　https://www.ptpress.com.cn
天津画中画印刷有限公司印刷

◆ 开本：800×1000　1/16
印张：6.75
字数：125千字　　2021年5月第1版
印数：1－3 000册　　2021年5月天津第1次印刷

定价：49.80元

读者服务热线：(010)81055410　印装质量热线：(010)81055316
反盗版热线：(010)81055315
广告经营许可证：京东市监广登字20170147号

移动互联网运营“1+X”证书制度系列教材编委会名单

移动互联网运营“1+X”证书制度系列教材编委会 主任

郭巍

联创新世纪（北京）品牌管理股份有限公司董事长

周勇

中国人民大学新闻学院执行院长

中国高等教育学会新闻学与传播学专业委员会理事长

移动互联网运营“1+X”证书制度系列教材编委会 成员（按照姓氏拼音排列）

崔恒

联创新世纪（北京）品牌管理股份有限公司总经理

段世文

新华网客户端总编辑

高赛

光明网副总编辑

郎峰蔚

字节跳动副总编辑

李文婕

联创新世纪（北京）品牌管理股份有限公司课程委员会专家

王玥

长春职业技术学院商贸学院副院长

武颖

凌科睿胜文化传播（上海）有限公司副总裁

尹力

联创新世纪（北京）品牌管理股份有限公司课程委员会专家

余海波

快手高级副总裁

总 序 FOREWORD

20 世纪 60 年代，加拿大人马歇尔·麦克卢汉提出了“地球村”（global village）概念。在当时，这富有诗意的语言更像是个浪漫比喻，而不是在客观反映现实：虽然电视、电话已开始在全球普及，大型喷气式客机、高速铁路也大大缩短了环球旅行时间，但离惠及全球数以十亿计的普通人，让地球真正成为一个“村落”，似乎还有很长的路要走。

但最近 30 年来，特别是进入 21 世纪以后，“地球”成“村”的速度远远超过了当初人们最大胆的预估：互联网产业飞速崛起，智能手机全面普及，人类社会中每个个体之间连接的便利性前所未有地增强；个体获取信息的广度和速度空前提升，一个身处偏僻小村的人，也可以通过移动互联网与世界同步连接；信息流的改变，也同步带来了物流、服务流以及资金流的改变，这种改变对各行各业的原有规则、利益格局、分配方式都产生了不同程度的冲击。今天，几乎所有行业，尤其是服务业，都在与移动互联网、新媒体深度结合，这种情景，就像当初蒸汽机改良、电力广泛使用对传统产业的影响一样。

作为一名从二十世纪九十年代初就专业学习并研究新闻传播学的教育工作者，我全程经历了最近 30 年互联网对新闻传播领域的冲击和改变，深感我们的教育工作应与移动互联网、新媒体实践深入结合之紧迫和必要。

首先，学科建设与产业深度融合的紧迫性和必要性大大增强了。

在以报刊、广播电视为主要传播渠道的时代，我们用以考察行业变迁、开展教学研究的时间可以是几年或十几年；而在移动互联网、新媒体广泛应用后，这个时间周期就显得有些长了。几年或十几年的时间，移动互联网、新媒体领域已是“沧海桑田”：现在最流行的短视频平台，问世至今才 4 年多；已经实现全中国覆盖的社交网络，只有 10 年的历史；即便是标志着全球进入移动互联时代的智能手机，也是 2007 年才正式发布的。移动互联网、新媒体领域的从业人员普遍认为他们一年所经历的市场变化，相当于传统行业 10 年的变化。

这种情况给教学研究带来了新的挑战和机遇，它需要我们这些教育工作者不断拥抱变化，时时学习实践最新产品，与产业深度融合。唯有如此，才能保持教研工作的先进性和实践性，才能赋能于理论研究和课堂教学，才能真正提升学生的理论水平和实践能力。

其次，跨学科、多学科教学实践融合的紧迫性和必要性大大增强了。

传统行业与移动互联网、新媒体的紧密结合，是移动互联时代的显著特征。如今，无论是国家机关、企事业单位，还是个体经营的小餐馆，其日常传播与运营推广都离不开移动互联应用：为了更好地传播信息、拓展客户，他们或开通微信公众号，或接入美团和饿了么平台，或在淘宝、京东开店，或利用抖音、快手获客，而熟悉和掌握这些移动互联网和新媒体平台运营推广技巧的人，自然也成了各行各业都希望获得的人才。

这样的人才是新闻传播学科来培养，还是市场营销学科来培养？是属于商科、文科还是工科？实事求是地说，我们现在的学科设置还不能完全适应市场需求，要培养出更多经世致用的人才，需要在与产业深度融合的基础之上，打破学科设置方面的界限，在跨学科、多学科融合培养方面下工夫，让教学实践真正服务于产业发展，让学生们能真正学以致用。

要实现学校教育与移动互联网、新媒体实践深入结合，为学习者赋能，满足社会需要，促进个人发展，并不容易。这些年来，职业教育领域一直在提倡“产教融合”，希望通过拉近产业与教育、院校与企业的距离，让职业院校学生有更多更好的工作机会。从目前情况来看，教育部从 2019 年开始在职业院校、应用型本科高校启动的“学历证书 + 若干职业技能等级证书”（简称为“1+X”证书）制度试点工作，鼓励着更多既熟悉市场需求又了解教育规律，能够无缝连接行业领军企业与职业院校，使双方均能产生“化学反应”的、专业的职业教育服务机构进入这一领域，并发挥积极作用。

在我看来，开发移动互联网运营与新媒体营销这两种职业技能等级标准的联创新世纪（北京）品牌管理股份有限公司（后文简称“联创世纪团队”），就是在“1+X”证书制度试点工作中出现的杰出代表。如前所述，移动互联和新媒体时代的运营、营销和推广技能，应用范围广、适用就业岗位多、市场需求大，已成为新时代经济社会发展进程中的必备职业技能。而职业院校，甚至整个高等教育领域，在移动互联网运营和新媒体营销教学和实践方面目前还存在短板，难以满足学生和用人单位日益增长且不断更新的需求。要解决这个问题，首先要对移动互联网运营和新媒体营销这两个既有区别又有紧密联系，而且还在不断变化演进中的职业技能进行通盘考虑和规划，整体开发两个标准，这样会比单独开发其中一个标准更全面，也更有实效。在教学实践中，哪些工作属于移动互联网运营？什么技能应划到新媒体营销？标准开发团队分别以“用户增长”和“收入增长”作为移动互联网运营和新媒体营销的核心要素，展开整个职业技能图谱，应该说是抓住了“牛鼻子”。在此基础上，开发好这两个标准、做好教学与实训，还至少需要具备以下两个条件。

第一，移动互联网也好，新媒体也好，都是集合概念，社交媒体、信息流产品、电子商务平台、生活服务类平台、手机游戏，等等，都是目前移动互联网的主要平台，而它们由于产品形态、用户用法、盈利模式、产业链构成都各不相同，因此各自涉及的传播、运营、推广营销业务也各有特色。这就需要标准的开发者、教材的编写者具备上述相关行业较为资深的工作经历，熟谙移动互联网运营和新媒体营销的基础逻辑和规则，又掌握各个平台的不同特点和操作方法。

第二，目前，对移动互联网运营、新媒体营销人才的需求广泛而多层次：新闻媒体有需要，企业的市场推广部门也需要；中央和国家机关、事业单位为了宣传推广，有这方面的需求；个体经营者和早期创业团队为了获客、留客也需要。这些单位虽然性质不同，规模不同，需求层次也不同，但累加的岗位需求量巨大，以百万千万计，这是学生们毕业求职的主战场。要满足岗位需求，就需要准确把握上述企事业单位的实际情况，有针对性地为学生提供移动互联网运营和新媒体营销的实用技能和实习实训机会。

呈现在读者面前的移动互联网运营和新媒体营销系列教材，就是由具备上述两个条件的联创世纪团队会同字节跳动、快手、新华网、光明网等行业领军企业的高级管理人员，与入选“双高计划”的多所职业院校的一线教师，共同编写而成。

值得一提的是，教材的组织编写单位和作者们，对于“快”与“慢”、“虚”与“实”有较深的理解和把握：一方面，移动互联时代，市场变化“快”、技能更新“快”，但教育是个“慢”的领域，一味图快、没有基础、没有沉淀是不能长久的；另一方面，职业技能必须要“实”，它来自于实际，要实用，但要不断提升技能的话，也离不开“虚”的东西，离不开来自实践的方法提炼和理论总结。

教材的组织编写单位正尝试着用移动互联网和新媒体的方式，协调“快”与“慢”、“虚”与“实”的问题，他们同步开发的网络学习管理系统、多媒体教学资源将与教材同步发布，并保持实时更新，市场上每个季度、每个月的运营和营销变化，都将体现在网络学习管理系统和多媒体教学资源库中。考虑到移动互联网和新媒体领域发展变化之迅速，可想而知这是一项很辛苦、也很难的工作，但，这是一项正确而重要的工作。

如今，移动互联网和新媒体正深刻改变着各行各业，在国民经济和社会发展中发挥着越来越重要的作用，与之相关的职业技能学习与实训工作意义大、影响范围广。人民邮电出版社经过与联创世纪团队的精心策划，隆重推出这套系列教材，很有战略眼光和市场敏感性。在这里，我谨代表编委会和全体作者向人民邮电出版社表示由衷的感谢。

中国职业教育的变革洪流浩荡，移动互联时代的车轮滚滚向前。移动互联网运营和新媒体营销“1+X”证书制度系列教材，及与之同步开发的网络学习管理系统、多媒体教学资源，会为发展大潮中相关职业技能人才的培养训练做出应有的贡献。这是所有参与编写出版的同仁们的共同心愿。

2021 年 1 月

前言 PREFACE

近年来，移动互联网产业蓬勃发展，已成为国民经济的重要组成部分，基于移动互联网技术、平台发展起来的移动互联网相关产业正在深刻改变着各行各业。第46次《中国互联网络发展状况统计报告》的数据显示，截至2020年6月末，我国网民规模达到9.40亿，其中手机网民规模达到9.32亿，较2020年3月新增3625万。随着5G、大数据、人工智能等技术的发展，移动互联网已经渗透到人们生活的各个方面。

随着移动互联网企业的竞争加剧以及传统产业和移动互联网融合的加深，运营人才的重要性将进一步提升。自《中华人民共和国职业分类大典（2015年版）》颁布以来，截至2020年我国已发布3批共38个新职业。其中，在2020年发布的两批25个新职业中，就包括“全媒体运营师”“互联网营销师”两个新职业，足见基于互联网、新媒体的运营和营销工作之新、之重要。

为满足移动互联网产业快速发展及运营人才增长的需求，教育部将移动互联网运营设为“1+X”证书制度试点，并联合联创新世纪（北京）品牌管理股份有限公司等企业制订了《移动互联网运营职业技能等级标准》。“1+X”证书制度即在职业院校实施“学历证书＋若干职业技能等级证书”制度，由国务院于2019年1月24日在《国家职业教育改革实施方案》中提出并实施。职业技能等级证书（即X证书）是“1+X”证书制度设计的重要内容。该证书是一种新型证书，其“新”体现在两个方面：一是X与1（即学历证书）是相生相长的有机结合关系，X要对1进行强化、补充；二是X证书不仅是普通的培训证书，也是推动“三教”改革、学分银行试点等多项改革任务的一种全新的制度设计，在深化办学模式、人才培养模式、教学方式方法改革等方面发挥重要作用。

为了帮助广大师生更好地把握移动互联网运营职业技能等级认证要求，联创新世纪（北京）品牌管理股份有限公司联合《移动互联网运营职业技能等级标准》的起草单位和职业教育领域相关学者成立“移动互联网运营职业技能等级证书编委会”，根据《移动互联网运营职业技能等级标准》和考核大纲，组织开发了移动互联网运营“1+X”证书制度系列教材。系列教材包括《移动互联网运营（初级）》《移动互联网运营实训（初级）》《移动互联网运营（中级）》《移动互联网运营实训（中级）》《移动互联网运营（高级）》《移动互联网运营实训（高级）》。

本书为《移动互联网运营实训（初级）》，根据《移动互联网运营职业技能等级标准》中对初级技能的要求开发，是《移动互联网运营（初级）》的配套教材，分为 4 个模块，分别为移动互联网基础运营、用户沟通与服务、活动运营、生活服务平台基础运营。本书结合工作场景中的典型工作任务，提供解决问题、完成任务的工作技能和工具，帮助学习者提升工作实践能力。

作为实训教材，本书在任务讲解中设置了任务背景、任务分析、任务步骤和任务思考等特色栏目。其中任务背景以职场情境的形式导入，引出这个岗位的工作人员需要解决的某项典型工作任务，让知识讲解和工作实战关联度更高；任务分析以“参谋”的视角，帮助学习者理清任务目标，明确任务的重点和要点，让学习者在开展具体工作之前可以形成完善的思路，任务分析的方向多为澄清任务的隐含信息、分解任务的结构、总结任务的关键点、明确任务的真实目标；任务步骤对解决某一任务的关键步骤或者重点步骤进行讲解，帮助学习者掌握实际操作的关键环节；任务思考注重引导学习者在实践的基础上进行拓展，将本任务的解决办法进行迁移，提升学习者的创造性。

我们深知，职业技能的掌握重在实际操作。为了更好地推动“移动互联网运营职业技能等级证书”的考核工作，我们推出了网站 www.1xzhengshu.com，实时发布关于证书的相关要求，供读者使用。

本书适合作为职业院校、应用型本科院校、移动互联网运营相关的培训机构选用的教材。移动互联网运营作为一项职业技能，始终在不断地更新发展之中，欢迎广大使用者和行业、企业专家对我们编写的教材提出宝贵的意见和建议。

移动互联网运营职业技能等级证书编委会

目录 CONTENTS

1-1

工作领域一 移动互联网基础运营

· 工作任务一　了解移动互联网运营工作

任务目标

- 能够明确移动互联网运营岗位的特点。
- 能够了解移动互联网运营人员需具备的素质。
- 能够将自身优势与移动互联网运营岗位相匹配。

任务导图

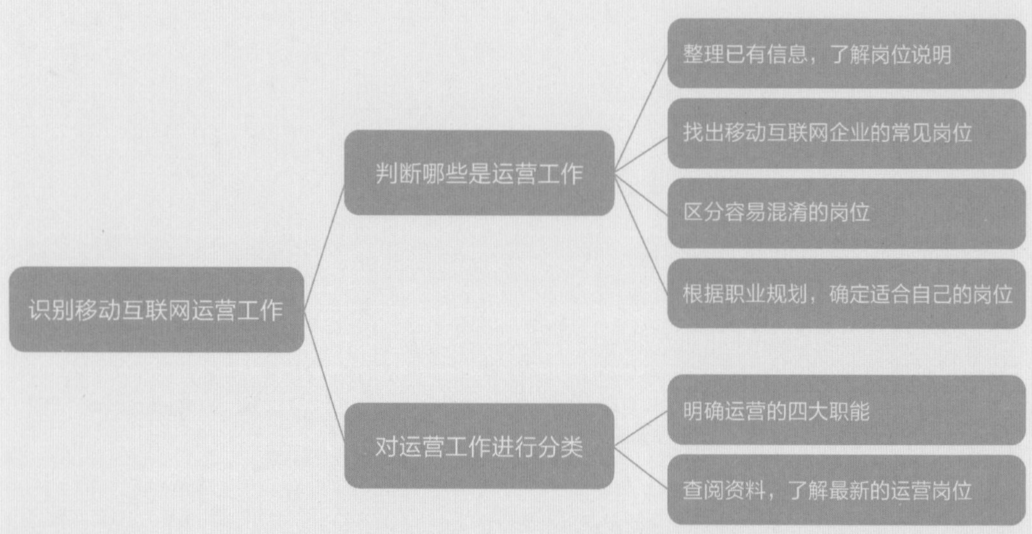

知识回顾

请学员在回顾《移动互联网运营（初级）》教材中的知识后回答以下问题。

（1）移动互联网运营岗位有哪些特点?

（2）如何寻找到一个与自己需求相匹配的移动互联网运营岗位?

子任务一　判断哪些是运营工作

任务背景

你的同学小刘即将毕业，准备进入移动互联网领域工作。经过一番思考，学习电子商务专业的小刘觉得自己最适合从事移动互联网运营的工作，在投递简历前，他想请你帮忙出出主意，避免选错岗位。

任务分析

首先需要知道一个移动互联网团队常见的职位构成；其次要区分容易混淆的传统运营岗位和移动互联网运营岗位。

任务步骤

步骤 1 整理已有信息，了解岗位说明。

任何一个企业在发布招聘需求的时候，都会从 3 个方面去描述，分别是岗位名称、职位描述和任职要求，如图 1-1、图 1-2 所示。通过职位描述了解岗位的具体工作内容，通过任职要求了解用人单位的用人标准。

互联网公司常见岗位的职责要求(一)

产品经理

职位描述

1.深入理解业务，并基于业务发展需求对包括运营管理工具在内的中后台产品进行设计，满足业务增长需要；对移动端产品和PC端产品设计有较好的认知；负责网站系统的需求收集，产品功能、交互设计的优化迭代。
2.编写产品需求文档，制作和改进产品原型，制定产品规则，组织产品评审，帮助设计人员、开发人员和测试人员明确产品需求，协调、推动研发团队按时完成产品的开发、测试和上线。
3.负责产品的市场调研、用户需求分析；对产品在客户端的使用情况进行监控、分析和统计，挖掘潜在需求，并用于产品改进。
4.观察跟踪竞品的基本情况，收集结果，分析数据并给出反馈，定期分析、复盘，提供产品提升方案。

任职要求

1.精通工具软件，能够独立设计产品交互原型、产品流程，编写产品需求文档。
2.善于沟通、工作积极、聪明认真、责任心强、执行力强，能独立推进产品工作进程。
3.热爱互联网，对市场敏感，善于挖掘用户需求。

图 1-1

产品运营

职位描述

1.负责垂直产品的内容规划、产品设计及后续的运营工作。
2.持续分析问题，提出建议并与开发团队密切配合，推动产品迭代升级。
3.与运营、编辑团队合作，按需完成产品优化等工作 。

任职要求

1.逻辑思维能力强，善于发现问题并提出建议。
2.有产品经理或产品运营相关工作经验。
3.对内容敏感，并具有一定的文字驾驭能力。
4.积极上进、善于沟通、责任心强 。

UI设计师

职位描述

1.独立负责公司核心语音社交项目的设计内容。
2.从零搭建移动端与PC端设计 。

任职要求

1.有一定的交互与产品思维，注重设计细节和品质。
2.精通常用软件，擅长手绘、After Effects和3ds Max的设计者优先。

图 1-1（续）

互联网公司常见岗位的职责要求(二)

前端开发

职位描述

1.参与移动端网页业务技术选型与开发工作，开发行业前沿新产品、新应用。
2.参与基础库、开发框架、支撑平台架构设计与开发工作，为公司提供前端基础服务，优化前端开发流程。
3.重构、优化已有移动端网页业务，不断提高项目质量及产品的用户体验。
4.关注前端发展，研究应用行业最新技术。

任职要求

1.对浏览器加载、渲染、缓存机制有较好的理解与运用。
2.熟悉主流JavaScript开发框架，能够掌握一种或多种相关技术栈设计原理及实现细节。
3.熟练掌握高性能移动端网页应用构建的常用技术及工具链。
4. 关注前端发展，研究应用行业新技术。

图 1-2

后端开发

职位描述

1.根据设计、开发规范完成公司产品开发工作。
2.依据业务、性能目标进行测试、问题修复。
3.可以对项目中的其他开发人员进行技术指导。

任职要求

1.精通Java语言，熟悉常用的设计模式。
2.熟悉主流的Java开发框架。
3.熟悉MySQL相关数据库操作。
4.有大数据开发经验。

运维

职位描述

1.负责公司生产应用的运维建设，对服务稳定性负责。
2.负责业务系统的发布、维护、监控、调优、故障排除等工作。
3.优化线上技术架构，从运维角度参与并推动架构体系优化。

任职要求

1.熟练掌握网页服务器的配置和管理。
2.精通Python，shell，PHP，Java中的至少一种语言，并熟悉相关的前端框架。
3.熟悉数据库的管理与维护，熟练使用至少一种开源监控方案。
4.熟练使用开源的自动化部署工具。
5.熟练使用elk日志收集与分析系统，熟悉JVM虚拟机调优。

图1-2（续）

步骤 2 找出移动互联网企业的常见岗位。

移动互联网企业常见的岗位有产品、运营、技术3类。请对图1-1、图1-2所示的岗位进行分类，并将相应的岗位填入表1-1中。

表1-1

岗位类型	结果汇总
产品岗位	
运营岗位	
技术岗位	

1-1

步骤 3 区分容易混淆的岗位。

在移动互联网相关企业中，很多新兴岗位名称跟传统的岗位名称容易发生混淆，需要仔细辨别两者。请对图 1-3、图 1-4 中所列的岗位进行分析，将对应的分析结果填入表 1-2。

酒店平台运营

职位描述
1.负责酒店产品和服务的上架、比价、调价以及投放策略的制订。
2.服务预订客户，包括但不限于订单预定、退改签操作、辅营产品信息维护、平台消息回复、协助处理疑问订单、接听来电、对账等。
3.负责与公司内部相关部门进行沟通、配合，并支持工作。
4.完成部门及相关领导安排的相关工作。

任职要求
1.学历不限。
2.熟练使用办公软件，学习能力强。
3.普通话标准，沟通能力强。
4.具有酒店业、旅游业从业经验者优先。

酒店商家运营

职位描述
1.负责已签约酒店的维护、运营工作。
2.负责调整优化预订方案，提升销量。
3.负责向商家推广平台的新功能与新产品，持续提升消费者的使用体验。
4.负责协助商家完成运营活动的提报与上线。
5.评估所负责的城市或区域市场情况。

任职要求
1. 具有清晰的语言表达能力。
2.有相应的工作经验，销售和沟通能力强、抗压能力强。
3.有良好的团队合作精神，善于接受新鲜事物。

酒店运营

职位描述
1.全面负责酒店日常运营管理工作。
2.妥善处理酒店内突发事件。

任职要求
1.热爱酒店行业，性格开朗、沉稳，对服务品质有较高要求。
2.具备中高端连锁酒店门店筹备及全面运营管理经验，熟悉酒店各部门服务及管理流程。
3.具备敏锐的市场感知和客户开发能力。

酒店前台

职位描述
1.及时、准确接听/转接电话，记录留言并及时传达。
2.接待来访客人并及时准确通知被访人员。
3.负责前台区域的环境维护，保证设备安全及正常运转（包括复印机、空调及打卡机等）。
4.完成上级主管交办的其他工作。

任职要求
1.具有较强的服务意识，熟练使用电脑办公软件。
2.具备良好的协调能力、沟通能力，性格活泼、开朗，具有亲和力和责任心。

图 1-3

内容运营

职位描述

1.负责电商平台上的产品详情页、活动海报、电商推广等文案撰写；微信平台朋友圈、社群、公众号图文编辑等。
2.负责其他业务板块的文案撰写。
3.完成领导交办的其他任务。

任职要求

1.热爱文字，对自己的作品有要求。
2.能够理解产品卖点和用户需求。
3.具备超强的沟通和理解能力。
4.能够快速适应新环境、新产品。

运营专员

职位描述

1.负责对内的门店管理、外卖共享厨房的线下运营管理，包括商户入驻对接、进场接驳、平台上线对接、生产经营管理、场地环境卫生管控、客户问题解决与关系维护等。
2.负责对外招商工作，熟悉项目商圈情况，制订项目招商策略，引进商户入驻。
3.协助区域范围内对外公共关系维护（如物业、街道、派出所、消防），避免重大事故发生。
4.负责外卖平台运力协调、准确配送等。

任职要求

1.具有独立思考及清晰的语言表达能力。
2.有相应的工作经验，销售和沟通能力强、能在较强压力下出色完成任务。
3.熟练使用MS Office等办公软件。
4.有良好的团队合作精神和敬业精神，普通话标准，善于学习。

门户网站记者

职位描述

1.负责各频道每日内容更新、新闻采访、稿件编写、页面维护。
2.负责新闻专题策划的拟定与执行。
3.根据行业动态、新闻事件及网络热点进行栏目、文章或专题的策划、撰写、发布和舆论引导工作。
4.独立完成新闻来源的搜集、整理工作，撰写新闻稿，完成栏目的更新。

任职要求

1.热爱新闻事业，热爱新媒体行业，具备良好的新闻敏感度。
2.具有扎实的文字功底，文笔好。
3.了解互联网基本常识。
4.具有良好的沟通能力和组织协调能力，较强的团队合作精神及适应能力。
5.学习能力强。

图1-4

杂志编辑

职位描述

1.负责与新闻编辑、其他记者讨论栏目选题及采访角度。
2.研究信息来源的可靠性，进行现场采访，约见当事人、知情人，核实事件真相。
3.整合资料，完成组稿、成稿任务。
4.通过电话、访谈等形式，建立顾问网络。
5.收集反馈信息，提出创造性的策划意见及合理化建议。
6.配合公司执行相关的品牌活动及宣传报道。

任职要求

1.具有中文、新闻等相关专业本科或以上学历。
2.热爱新闻事业，具备良好的新闻敏感度。
3.具有扎实的文字功底、较强的专题策划和采访能力。
4.具有良好的理解能力、沟通能力、洞察能力和社会交往能力。
5.责任心强，具备良好的抗压能力。

图 1-4（续）

表 1-2

岗位类型	结果汇总
新兴岗位	
传统岗位	

步骤 4 根据职业规划，确定适合的岗位。

了解岗位要求可以更快地判断岗位与自己的匹配情况，通过步骤 2 和步骤 3 的练习，我们已经详细了解了各个岗位的特点及分类。在本步骤中可以再进一步，选择一个自己心仪的岗位，并针对自身能力进行分析，将对应的分析结果总结成关键词填入表 1-3，如热爱写作、目标清晰、善于沟通等。通过自我分析和岗位要求的横向对比，查看自己与岗位的匹配度，最终选出最适合自己的移动互联网运营岗位。

表 1-3

	岗位要求	自我分析	岗位匹配
知识			
技能			
能力			

▶ 任务思考

（1）移动互联网新兴岗位与传统岗位最大的区别是什么？

（2）在分析自身优势与岗位匹配的过程中，除了参考冰山模型以外，是否还考虑其他因素？为什么要考虑这些因素？

子任务二　对运营工作进行分类

▶ 任务背景

经过一番了解，你的同学小刘发现移动互联网运营的工作大有乾坤，明确了运营岗位方向后，又发现运营岗位还有更细致的岗位分类。要想发挥自己的优势，还需要了解清楚企业中常见的运营岗位及每个岗位的特点。

▶ 任务分析

运营工作可以从两个方面来思考：一是运营的四大职能，每一项职能都对应一个核心的工作岗位；二是随着移动互联网的发展，衍生出来的新运营岗位。

1-1

任务步骤

步骤 1 明确运营的四大职能。

运营的四大职能是内容运营、用户运营、活动运营和产品运营，如图 1-5 所示。一般而言，每一项职能对应一个工作岗位。企业规模不同，运营岗位的数量也会不同：有的可能会同时设置 4 个岗位来满足企业的运营需求；有的只设置 1 ~ 2 个岗位来负责所有的运营工作。请总结出每个岗位的特点并填入表 1-4 中。

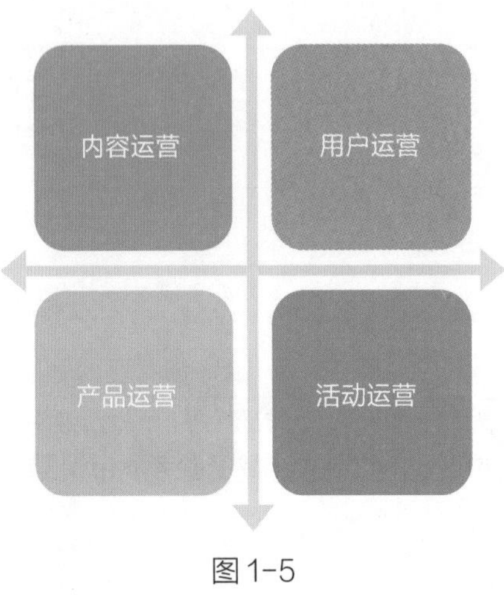

图 1-5

表 1-4

运营职能	岗位特点
内容运营	
用户运营	
活动运营	
产品运营	

步骤 2 查阅资料，了解最新的运营岗位发展情况。

除了上述运营的四大职能外，也会产生很多新的运营岗位，有些岗位是四大职能中某些职能演变后产生的新岗位，有些则是企业规模壮大之后把某些具体的工作从原有岗位拆分出来而形成的新岗位。尽管它们的岗位名称不同，但是工作内容相似，如图 1-6、图 1-7 所示。

运营岗位内部分支（一）

新媒体运营

职位描述

1.运营官方新媒体账号，负责微信公众号、抖音、知乎、头条号、小红书等新媒体平台的选题策划及文案撰写。
2.根据运营数据的反馈，及时优化运营内容。
3.挖掘和分析用户使用习惯。
4.根据互联网热点、产品特点与用户需求制订运营方案。

任职要求

1.熟练掌握微信、抖音等平台的内容编辑方式，有新媒体资源者优先。
2.思维灵活，能抓住互联网热点创作优质内容。
3.工作认真负责，有较强的沟通能力，具备团队合作精神。

电商运营

职位描述

1.负责公司淘宝店铺及京东店铺的日常运营工作，善于挖掘免费流量、付费推广资源等，根据实际效果不断调整推广计划，提升销量。
2.负责电商日常活动策划。
3.协调内部和外部渠道相关推广资源，跟进推广效果。
4.运用各种监测系统和分析工具，不断调整推广策略。

任职要求

1.具备1年以上电商行业的推广经验。
2.性格开朗、善于沟通，工作认真负责。
3.熟练掌握MS Office办公软件、Photoshop等设计软件，有优秀设计或者文案作品者优先。
4.熟悉淘宝、京东等电商平台的运营规则。

社区运营

职位描述

1.负责搭建并运营情感心理类社群体系，定位社群价值，营造群内气氛。
2.协同制作情感心理类课程；
3.挖掘用户需求、整合内外部资源、制订用户运营策略。
4.建立各种促活、奖励机制，策划并组织社群的各种活动。
5.研究行业动态、优化推广策略。

任职要求

1.对心理情感类服务行业有浓厚兴趣。
2.熟悉线上社群运作流程，具备一定的文案策划能力。
3.具有良好的学习意识、创新精神、沟通能力和团队合作精神。

图 1-6

1-1

任务思考

（1）产品运营和其他 3 种运营职能相比有什么不同?

（2）运营职能是否还会演变出更多类型？如果能，具体会在哪一方面演变?

运营岗位内部分支（二）

游戏运营

职位描述

1.负责游戏产品的后续版本计划沟通与活动的运营工作。
2.分析线上数据，不断打磨产品，提升用户体验。
3.跟踪产品运营数据，针对产品进行用户研究分析。
4.对运营的盈利目标负责。
5.根据业务需求负责跨部门协作与沟通。

任职要求

1.熟悉行业热门游戏产品，具备产品的需求分析和规划能力。
2.擅长以数据为导向的运营工作，具备一定的活动运营、游戏运营及数据分析经验。
3.了解游戏行业的发展动态，深度理解玩家需求，熟悉游戏运营的流程及各个环节，有成功的项目运营经验。
4.热爱游戏行业，具备出色的表达能力及协作精神。

流量运营

职位描述

1.分析产品特性，优化产品流量获取路径，提高产品转化率和销售额。
2.有针对性地开展产品推广，增加用户积极性和参与度，并配合产品需要进行策划，定期组织线上用户活动及维护。
3.以用户为中心，以数据为导向，制订运营计划。

任职要求

1.2年以上工作经验，有营销主题活动规划经验。
2.有线上或线下零售经验。
3.具备市场营销基础技能，了解营销策略。
4.工作细致，责任心强，具有较强的团队创业精神。

数据运营

职位描述

1.负责广告运营管理数据的提取和整理工作，按周期生成统计和分析报告。
2.分析用户来源、转化率等运营核心数据，为各职能组提供数据反馈和建议。
3.构建运营数据分析体系。
4.对日常运营数据进行监控、预警，提出改善和优化方案，并督导优化方案的执行。
5.负责数据分析相关工具平台的搭建及维护。

任职要求

1.熟练掌握至少一种数据分析软件。
2.了解分析工具及方法。
3.具有较强的逻辑思维能力和归纳分析能力，对数字敏感，认真踏实，抗压力强，执行力强。

图 1-7

1-2

■ 工作领域一 移动互联网基础运营

·· 工作任务二 识别移动互联网产品

▶ 任务目标

- 能够快速识别移动互联网产品的类型。
- 能够区分不同移动互联网产品的运营要点。

任务导图

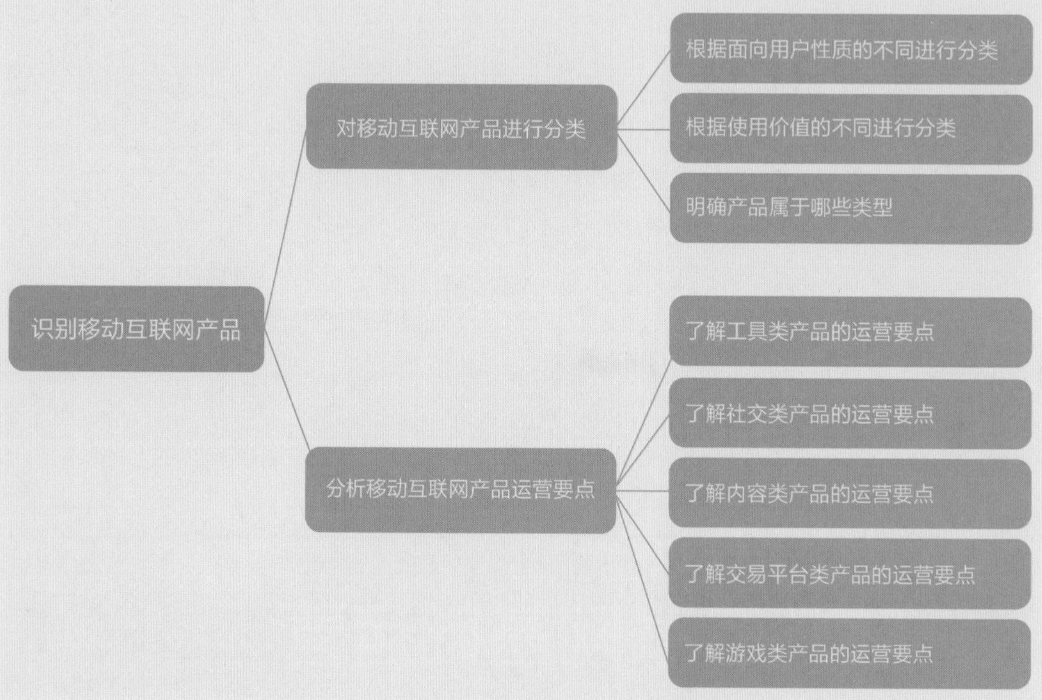

知识回顾

请学员在回顾《移动互联网运营（初级）》教材中的知识后回答以下问题。

（1）移动互联网产品具有哪些特点?

（2）移动互联网产品的分类标准是什么？同一类产品是否可以同时拥有 2 种不同属性?

子任务一　对移动互联网产品进行分类

任务背景

你的同学小刘已经成功进入一家移动互联网的创业公司。小刘准备进一步学习运营知识和技能，于是下载了很多的 App。App 数量太多，他想对这些 App 进行分类，以便长期跟踪，了解同类型的移动互联网产品是如何运营的。

任务分析

目前，移动互联网产品的主要分类标准有两类：一是根据面向用户性质的不同进行分类，二是根据使用价值的不同进行分类。

任务步骤

步骤 1 根据面向用户性质的不同进行分类。

移动互联网产品主要面向两大类型用户：一是消费者，二是企业客户。根据用户性质，移动互联网产品可以分为面向消费者产品和面向企业客户产品，通常，将前者称为 To C（To Customer，又称 2C）端产品，将后者称为 To B（To Business，又称 2B）端产品。

To C 端产品主要满足用户的日常生活、工作和娱乐等需求，如图 1-8 所示。

图 1-8

To B 端产品通常是企业为满足商业目的而使用的工具或平台等，如图 1-9 所示。

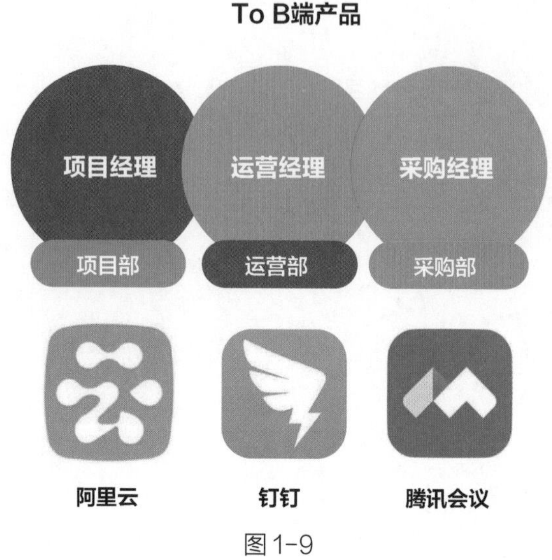

图 1-9

请根据这种分类标准，参考图 1-8、图 1-9，去手机应用市场寻找不同的产品进行分析，将分析结果分类并填入表 1-5。

表 1-5

To C 端产品	To B 端产品

步骤 2 根据使用价值的不同进行分类。

根据使用价值不同，移动互联网产品可以分为五大类，如图 1-10 所示。它们分别是工具类、社交类、内容类、交易平台类、游戏类。请参考图 1-10，将表 1-5 中的产品按照使用价值进行分类，并将分类结果填入表 1-6。

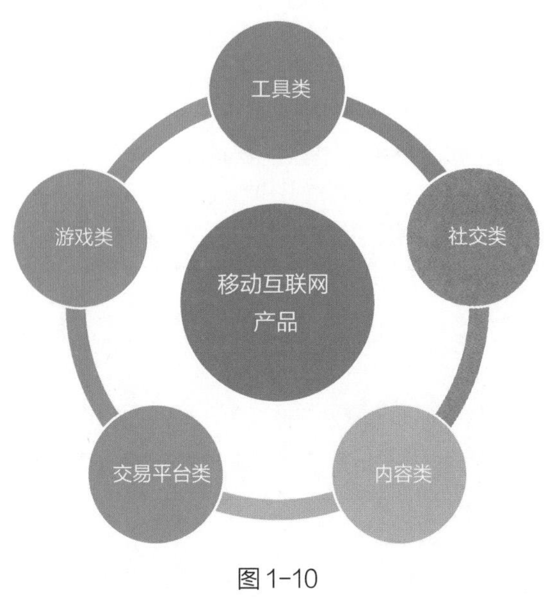

图 1-10

表 1-6

工具类产品	社交类产品	内容类产品	交易平台类产品	游戏类产品

步骤 3 明确产品属于哪些类型。

在对 App 进行了上述两种分类操作之后，我们已经对移动端产品的分类有了明确的认识。接下来，请帮助小刘选出几款产品，并判断这些产品的类型，填入表 1-7 并进行对比分析。

表 1-7

产品名称	用户性质	使用价值

1-2

任务思考

（1）To C 端产品和 To B 端产品除了用户性质差异外，是否还存在其他差异？

（2）除了以上产品的分类标准，是否还有其他分类标准？

子任务二　分析移动互联网产品运营要点

任务背景

小刘已经了解了移动互联网产品的主要分类标准，并对自己收集、跟踪的 App 做了分类。现在他需要充分了解每一类移动互联网产品的运营要点，以便更好地完成运营工作。

任务分析

每一种类型的移动互联网产品，都有其自身的特点。在具体分析之前，可以先通过查阅资料了解不同类型产品的共同特点。

任务步骤

《移动互联网运营（初级）》详细介绍了各类产品的运营要点。请认真学习并用自己的话总结，填在表 1-8 中。

表 1-8

产品分类	运营要点
工具类产品	
社交类产品	
内容类产品	
交易平台类产品	
游戏类产品	

步骤 1，了解工具类产品的运营要点。

步骤 2，了解社交类产品的运营要点。

步骤 3，了解内容类产品的运营要点。

步骤 4，了解交易平台类产品的运营要点。

步骤 5，了解游戏类产品的运营要点。

任务思考

（1）是否存在提供 2 种或以上服务类型的产品？如果有，请举例并写出这个产品的所有服务类型。

（2）如果想要对拥有 2 种或以上服务类型的产品进行运营推广，应该注意哪些方面？

1-3

工作领域一 移动互联网基础运营

工作任务三 认识移动互联网产品数据指标

任务目标

- 能够利用移动互联网产品数据指标确定运营方向。
- 能够有针对性地挖掘更多的新用户。
- 能够提升移动互联网产品使用率。
- 能够促进用户推广率。

任务导图

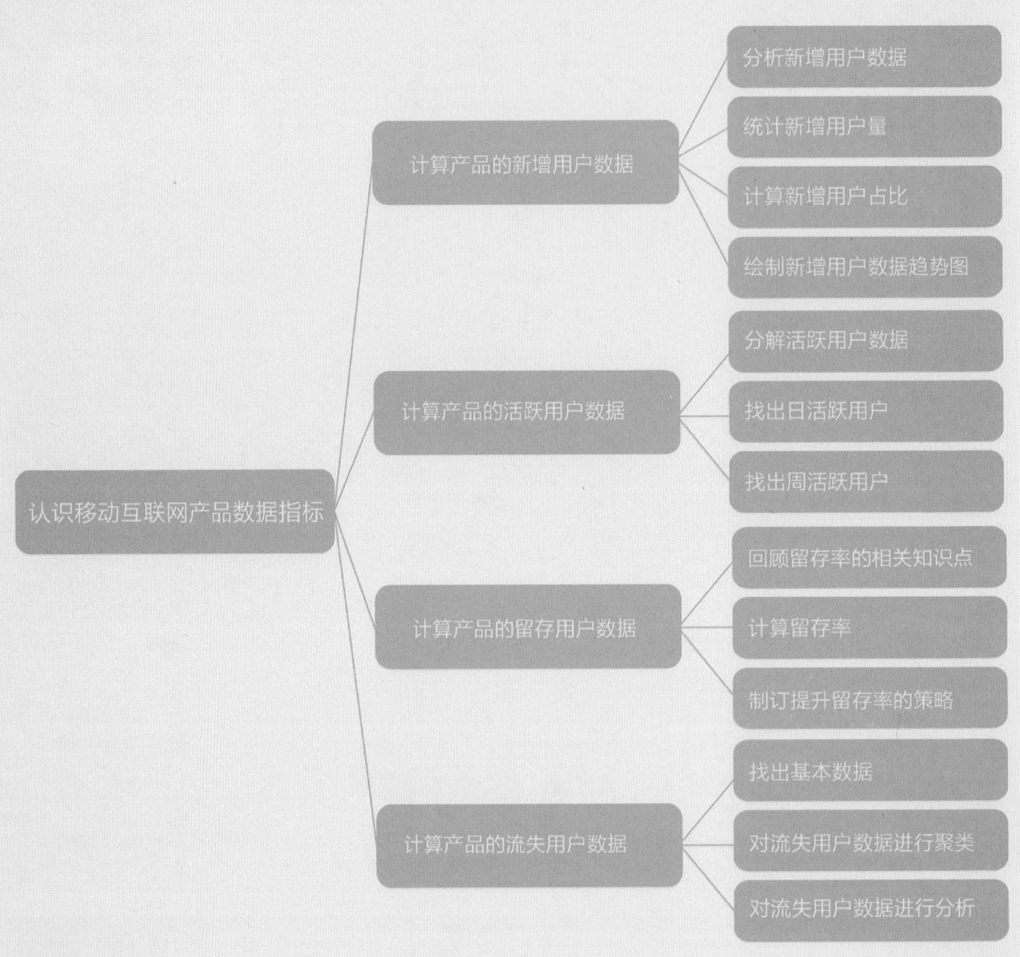

知识回顾

请学员在回顾《移动互联网运营（初级）》教材中的知识后回答以下问题。

（1）活动运营方向对数据指标的拆解有哪些基本思路？

（2）AARRR 模型[1]一般适用于哪些场景？具体流程是什么？

---

1 AARRR 模型：获取用户（Acquisition）、提高活跃度（Activation）、提高留存率（Retention）、获取营收（Revenue）和自传播（Referral），简称 AARRR 模型。

子任务一　计算产品的新增用户数据

▶ 任务背景

小刘已经在这家公司工作近一个月了，今天上午他的主管领导给他安排了一个任务，让他对本周的新增用户数据进行统计和分析，并在下周一的周会上向组内成员汇报。小刘马上进入后台对本周新增用户数据进行了汇总，得到如图 1-11 所示的数据。

产品新增用户数据			
数据提取时间	获客渠道	日增长量	用户总量
周一	渠道1	30	230
	渠道2	10	250
周二	渠道1	50	280
	渠道2	30	280
周三	渠道1	20	300
	渠道2	5	285
周四	渠道1	218	518
	渠道2	110	395
周五	渠道1	480	998
	渠道2	300	695
周六	渠道1	110	1108
	渠道2	55	750
周日	渠道1	90	1198
	渠道2	60	810

图 1-11

▶ 任务分析

进行数据统计，必须先明确需要统计和分析的数据指标。新增用户数据只是一个笼统的概念，需要进一步分析它包含哪些数据指标。请根据图 1-11 提供的数据，进行新增用户数据指标分析。

任务步骤

步骤 1 分解新增用户数据。

新增用户数据主要由“新增用户量”和“新用户占比”组成。新增用户量是每个单位时间内的新增用户数量的总和；新用户占比，则是用单位时间内的新增用户量除以总用户量来计算的（即新增用户量 ÷ 总用户量 = 新用户占比）。请根据图 1-11 提供的数据填写表 1-9。

表 1-9

数据提取	日新增用户量	日新增用户占比
周一		
周二		
周三		
周四		
周五		
周六		
周日		

步骤 2 统计本周新增用户量。

主管领导要求统计的是本周数据，因此统计范围为周一到周日。请根据图 1-11 提供的数据，将每一天的新增用户数据相加后将周新增用户量填入表 1-10 中。

表 1-10

数据提取时间	7 日新增用户量

步骤 3 计算本周新增用户占比。

请根据图 1-11 提供的数据，计算本周新增用户占比，填入表 1-11。

表 1-11

数据提取时间	本周新增用户占比

步骤 4 绘制本周新增用户数据趋势图。

请根据步骤 1 至步骤 3 的统计结果，绘制新增用户数据趋势图。

新增用户趋势图

1-3

任务思考

（1）最有效的增加新用户的方式是什么?

（2）用户新增场景一般分几步，分别是什么?

子任务二　计算产品的活跃用户数据

任务背景

小刘今天接到的工作任务是统计截至目前的产品活跃数据。主管领导告诉小刘，产品活跃用户数据是产品升级的重要依据，因此小刘不敢怠慢。小刘马上进入后台，对本月产品的相关数据进行了汇总，得到如图 1-12 所示的数据。

12月产品用户相关数据									
数据提取日期	12月1日	12月2日	12月3日	12月4日	12月5日	12月6日	12月7日	……	12月30日
注册总用户数	100	250	400	600	850	950	1100	……	5500
新增用户数	100	150	150	200	250	100	150	……	1000
启动用户	100	170	300	450	380	320	210	……	530
老用户数	0	100	250	400	600	850	950	……	4500

图 1-12

任务分析

活跃用户，指在规定的时间范围内，启动过产品的用户，计算时需要按照设备号去重。活跃度是指在某段时间内，活跃用户数在总用户数中的占比。活跃用户通常都会有一个时间范围来定义，如日活跃用户、周活跃用户、月活跃用户等。活跃用户指标是一个产品用户规模的体现，同样也是衡量一个产品质量的基本指标。

任务步骤

步骤 1 分解活跃用户。

大多数产品都需要按照 3 个时间段计算活跃用户数据，分别是日活跃用户、周活跃用户和月活跃用户。

步骤 2 找出日活跃用户。

请根据图 1-12 提供的数据，先找出日活跃用户，然后计算日活跃度，并填写表 1-12。

表 1-12

12 月产品日活跃用户数据									
数据提取日期	12 月 1 日	12 月 2 日	12 月 3 日	12 月 4 日	12 月 5 日	12 月 6 日	12 月 7 日	……	12 月 30 日
日活跃用户数									
日活跃度									

步骤 3 找出周活跃用户。

请根据图 1-12 提供的数据和表 1-12 中填写的数据，找出周活跃用户，然后计算周活跃度，并填写表 1-13。

表 1-13

12 月产品周活跃用户数据		
数据提取周期	12 月 1 日—12 月 7 日	……
用活跃用户数		……
周活跃度		……

任务思考

（1）影响用户活跃度的因素有哪些？

（2）如何有效提升用户活跃度？

子任务三　计算产品的留存用户数据

任务背景

前几次领导安排的任务，小刘完成得非常好，领导十分满意。更大的挑战来了，小刘他们公司产品的用户活跃度并不高，为了找出原因，领导要求小刘计算留存用户数据，以此判断用户活跃度不高的原因。

任务分析

在留存用户数据分析中最常用的数据指标就是“首次使用留存”，指在首次使用产品的用户中，第一次使用完毕后的某个时间间隔内，产品被再次使用的情况。按留存间隔通常包括次日留存、3 日留存和 7 日留存等留存指标，它们主要被用来衡量产品对用户的吸引程度、用户黏性、渠道用户质量及投放效果。

任务步骤

步骤 1 回顾留存率的相关知识点。

学习留存率的计算方法，并填写表 1-14。

表 1-14

留存率计算	
留存数据	计算公式
n 日留存率	
次日留存率	
3 日留存率	
7 日留存率	
30 日留存率	

步骤 2 计算留存率。

请根据图 1-13 中提供的数据填写表 1-15。

日期	日新增用户数	次日留存用户数	3日留存用户数	7日留存用户数	30日留存用户数
1月1日	281	66	76	70	72
1月2日	213	49	57	71	54
1月3日	137	39	37	39	36
1月4日	107	35	34	24	32
1月5日	77	23	25	21	25
1月6日	44	11	7	19	12
1月7日	36	9	8	6	11
1月8日	35	10	8	9	8
1月9日	24	7	6	7	5
1月10日	10	3	4	3	4
1月11日	13	4	2	5	4
1月12日	5	4	1	1	1

图 1-13

表 1-15

日期	次日留存率	3 日留存率	7 日留存率	30 日留存率
1月1日				
1月2日				
1月3日				
1月4日				
1月5日				
1月6日				
1月7日				

步骤 3 制订提升留存率的策略。

利用表 1-15 中得到的数据，制订提升留存率的相关策略，将最终策略填写在表 1-16 中。

表 1-16

留存率最低的日期	原因分析	提升留存率的策略

任务思考

（1）导致用户流失的因素有哪些？如何根据这些因素制订不同的留存率提升策略？

（2）通过什么方法可以了解用户流失的具体环节？

子任务四　计算产品的流失用户数据

任务背景

通过完成不同的数据统计任务，小刘的数据统计能力得到了提升。他发现通过各种数据了解产品的方方面面是十分有趣且有意义的工作，也更愿意进一步了解产品的各项数据。今天，小刘主动学习计算产品的流失用户数据，以便随时掌握产品的动态。

任务分析

各公司对流失用户的定义不同，可能是用户 7 天内没有登录行为，如用户 7 天内没有再次登录一款游戏，那这名用户就可以被定义为流失用户了；或者是几个月之内没有交易行为的电商平台用户，也可以算作流失用户。

那对于一款公司的产品来说，多长的沉默周期可以作为判断流失用户的指标呢？可以通过回流率来判断（时间周期内流失用户的再回访人数 ÷ 时间周期内流失的用户数 = 回流率）。所以，如果一款产品在第 8 天的回流率依然很高，那么用 7 天沉默周期来作为判断指标肯定就不合适了。

▶ 任务步骤

步骤 1 找出基本数据。

在图 1-14 中找出新增用户数据、回流用户数据，以及新增流失用户数据。

用户流失情况监控									
日期	总用户数	总流失用户数	新增用户数	新增流失数	新用户流失数	老用户流失数	回流数	净增用户数	流失用户占比
2020/12/1	132962	42540	289	118	35	83	9	180	32.1%
2020/12/2	133012	42779	209	176	65	111	37	70	32.2%
2020/12/3	133153	42857	199	110	39	71	32	121	32.2%
2020/12/4	133097	43058	145	211	65	146	10	56	32.4%
2020/12/5	133286	43193	324	144	78	66	9	189	32.4%
2020/12/6	133295	43370	186	188	109	79	11	9	32.5%
2020/12/7	133469	43526	330	181	71	110	25	174	32.6%
2020/12/8	133484	43653	142	134	51	83	7	15	32.7%
2020/12/9	133622	43730	215	110	51	59	33	138	32.7%

图 1-14

步骤 2 对流失用户数据进行聚类。

一般情况下，相较于新用户流失率高而言，老用户流失问题更为严重。当发现老用户流失率较高时，应该针对流失用户进行进一步的分析，即对流失用户进行分类，另外要关联流失用户的行为日志进行分析，分析结果如图 1-15 所示。

步骤 3 对流失用户数据进行分析。

对流失用户数据的分析通常是深度的分析，需要对潜在流失用户进行预测，对流失原因进行分析，以及对各参数与用户流失的相关性进行分析等。以下是几种常见的用户流失类型。

- 刚性流失。

可以进一步分为新用户水土不服型和老用户兴趣转移型，这类流失用户是无法挽留的。缘尽于此，花再多的钱也没什么用，毕竟强扭的瓜不甜。所以应该尽量将这部分用户剥离出来，避免不必要的投入。

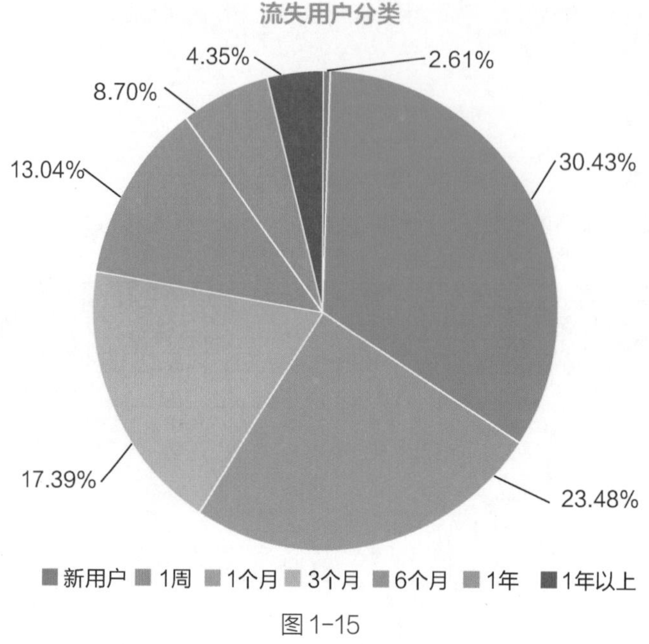

图 1-15

■ 体验流失。

可能是应用体验、服务体验、交易体验、商品体验等不佳而导致用户流失，总之就是在使用产品或服务的过程中，用户感到了一丝不快，可谓是一言不合就流失。运营人员要找到哪个环节让用户感受到了不快，并及时维护和改进这个环节，尽最大可能减少体验流失。

■ 竞争流失。

用户放弃本产品，使用其他产品，可能是竞争对手的体验更好，或竞争对手推出了什么优惠的政策导致我们的用户流失。运营人员也需要掌握行业的动态，针对竞争对手的市场行为采取相应的行动，以避免竞争造成的流失。

▶ 任务思考

（1）常见的用户流失类型有哪些？我们可以针对不同的流失类型制订哪些应对策略？

（2）通过什么方法可以预测潜在流失用户？有哪些应对措施可以防止这些用户流失？

2-1

■ 工作领域二 用户沟通与服务

• 工作任务一 用户沟通

▶ 任务目标

- ■ 能够掌握与用户沟通的基本方法。
- ■ 能够掌握在线推荐产品的方法。
- ■ 能够掌握刺激用户下单的方法。

任务导图

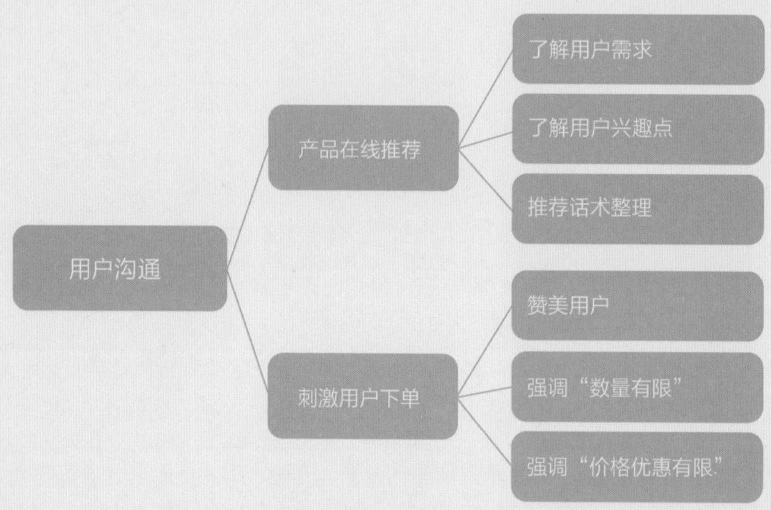

知识回顾

请学员在回顾《移动互联网运营（初级）》教材中的知识后回答以下问题。

（1）与用户沟通有哪些重要的价值?

（2）用户沟通过程的关键要素有哪些?

子任务一　产品在线推荐

任务背景

在线推荐能够有效地提升产品的曝光率和转化率，是一项非常重要的用户沟通工作。

一个新兴 O2O（Online to Offline，线上到线下）平台——美菜 App，其主要业务是为餐馆提供蔬菜、肉类等原材料。因为这个平台的主要用户都是餐馆采购人员，下单的订货量比较大，因此在具体的业务交易过程中并不像个人用户那样直接下单，而是会在下单前进行大量的沟通。作为美菜 App 的工作人员，需要明确如何应对用户的沟通需求。

任务分析

产品推荐的目的是让一个用户对一个产品从不了解到了解，重点是让用户知晓并认可产品。因此要先了解用户的需求，从用户的需求中找到可以结合的点，从而借此激发用户的兴趣。在产品推荐过程中，还需提前针对关键要点准备一些行之有效的话术，以此来提高推荐的成功率。

任务步骤

步骤 1 了解用户需求。

首先要了解用户的基本情况，了解用户信息，包括年龄、性别、性格、喜好等，进而明确用户的购物目的，即用户需求，如图 2-1 所示。

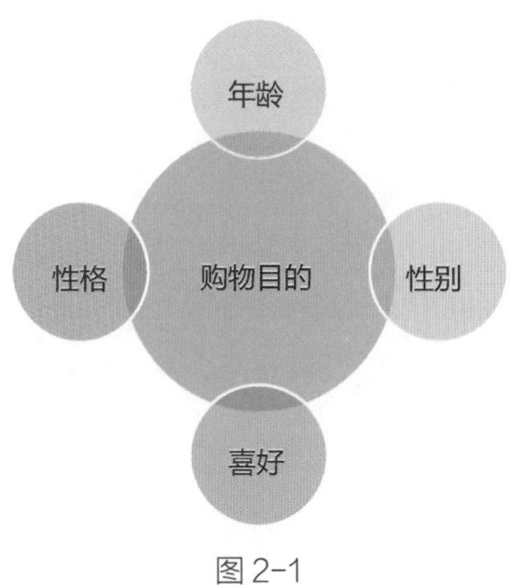

图 2-1

步骤 2 了解用户兴趣点。

只有激发用户的兴趣才能更好地完成产品推荐。在与用户沟通的过程中，首先要有意识地寻找用户的兴趣点；其次要通过一些产品亮点来刺激用户的好奇心，激发用户的兴趣，如向用户声明产品利益点等。

步骤 3 推荐话术整理。

在产品推荐过程中，有些重要的推荐话术最好提前准备，这样可以避免因临时组织语言导致的沟通结果不理想。推荐话术要使用便于理解的语言，这样可以降低用户理解的难度；同时也可以使用少量的专业术语，以提升推荐的专业性，增强用户的信任感。

任务思考

（1）在产品推荐的过程中，常见的难点有哪些？

（2）你觉得有哪些与用户沟通的有效话术？

子任务二　刺激用户下单

任务背景

刺激用户下单是用户沟通的主要工作之一，尤其是面向 B 端客户的平台，在沟通过程中对刺激用户下单依赖性更强。

在一个给餐馆和饭店供应蔬菜的平台上，经常有很多餐馆老板在咨询完之后却不下单，而是自己跑到菜市场采购。作为工作人员的你，该如何应对这种情况？

任务分析

刺激用户下单，是通过沟通的方式来提高转化的效率，在很多借助互联网进行营销的行业里，这种转化方式已经成为了主要转化方式之一。刺激用户下单主要从态度、话术及沟通策略 3 个方面进行，如图 2-2 所示。

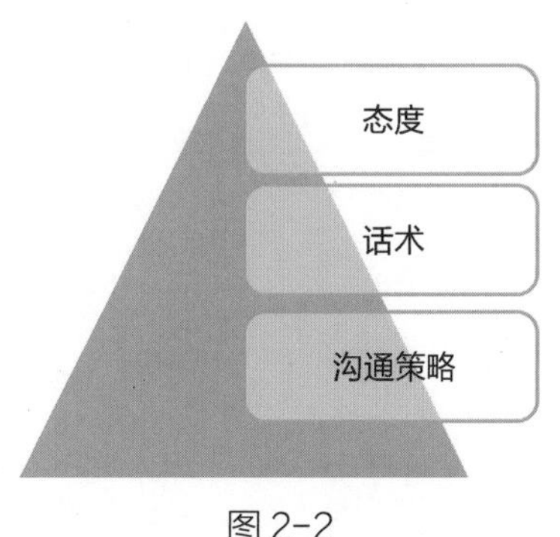

图 2-2

任务步骤

步骤 1 赞美用户。

任何人都渴望自己被肯定。恰如其分地赞美用户，能够让用户对平台和产品有更高的接受度。对不同类型的用户可采用不同的赞美方式，同时在长期的沟通过程中，要不断总结用户的特点。

步骤 2 强调“数量有限”。

强调“数量有限”是一种具有显著成交效果的策略，用户会有担心错失良机的感受，为了抓住这个“良机”，用户通常会选择成交。想要运用好强调“数量有限”的策略，必须掌握好沟通的时机和力度，不能给用户造成过大的心理压力，时机上主要选择用户犹豫的时候，力度上可以采用“非常”“紧缺”“疯抢”“供货紧张”“仅有”等类似的词语。

步骤 3 强调“价格优惠有限”。

打折促销对用户有很大的诱惑力，特别是限定名额的打折，用户会因为急于得到那些有限的打折名额而下单。这就要求用户沟通人员，在与用户沟通时明确告知用户价格优惠的名额是有限的，以此来促使他们下单。在具体的沟通过程中，可以利用数字进行突出强调。

任务思考

（1）在刺激用户下单的过程中，最应该注意什么？

（2）为什么用户会对“数量有限”或者“价格优惠有限”很敏感？什么时候这类策略会没有效果？

2-2

工作领域二 用户沟通与服务

工作任务二 用户问题应对

任务目标

- 能够应对用户的负面情绪。
- 能够掌握应对差评的方法。
- 能够掌握应对投诉的方法。

任务导图

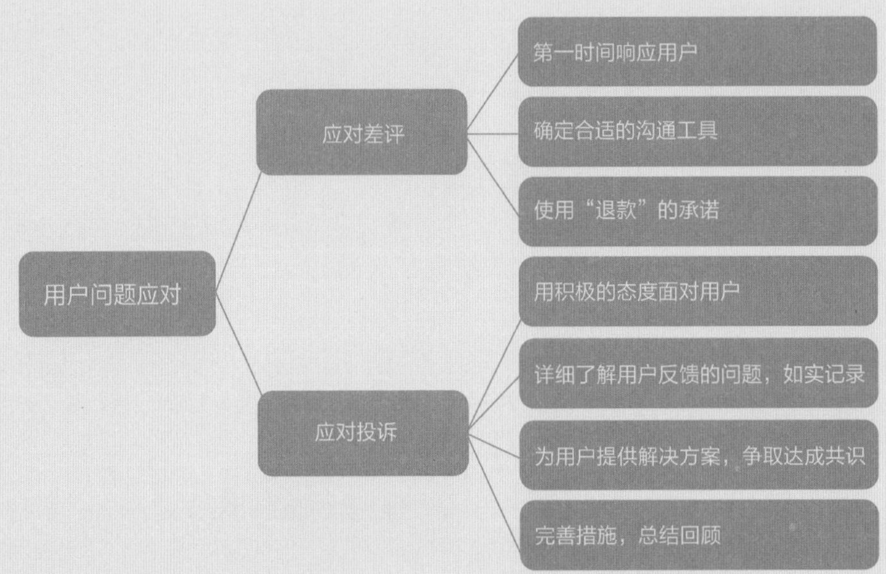

知识回顾

请学员在回顾《移动互联网运营（初级）》教材中的知识后回答以下问题。

（1）用户沟通人员的必备知识有哪些?

（2）为什么沟通工具对于用户沟通人员来讲很重要?

子任务一　应对差评

任务背景

在进行用户沟通与服务的工作中，经常会遇到用户的差评。

例如美菜 App，为餐馆提供种类繁多的菜品原材料，因为供应链较长，蔬菜等品类会偶尔出现不新鲜的情况，工作人员却没有及时发现。用户因此提交了差评。作为工作人员的你，该如何妥善处理？

任务分析

有沟通就有反馈，差评是用户处理负面情绪时的本能反应方式，作为沟通人员，如何高效地化解这种负面影响成为工作中的一大挑战。应对差评的关键点主要包括响应时间、沟通工具的选择、沟通方式的选择以及给予用户的实际利益等，如图 2-3 所示。

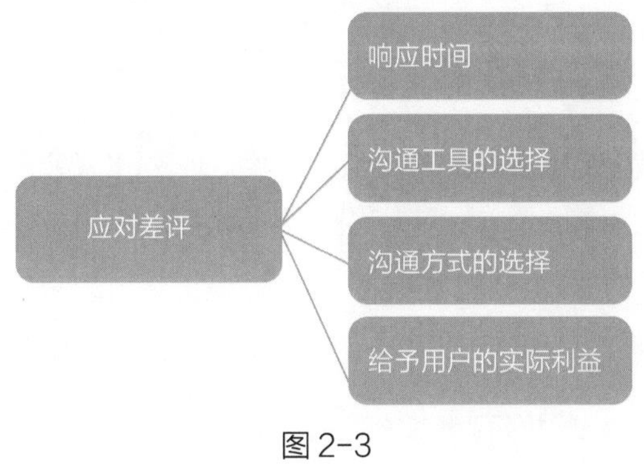

图 2-3

任务步骤

步骤 1 第一时间响应用户。

差评主要是用户在事情刚刚发生，或者刚刚收到产品时给出的。这就需要服务人员能够第一时间对用户的差评进行响应，如果顺利帮助用户解决问题，差评可能会被快速更改，拖延的时间越长越不利于处理。第一时间响应是办事效率高的体现，可以给用户一个良好的印象，如图 2-4 所示。

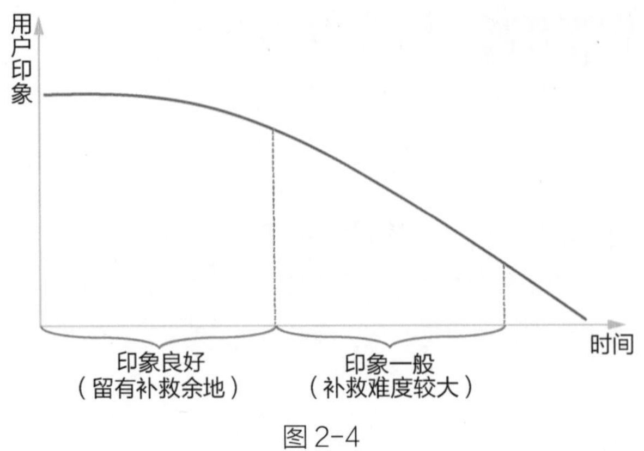

图 2-4

步骤 2 确定合适的沟通工具。

用户在给出差评时，心情必然非常不好，此时如果使用文字沟通的方式，不但会让用户无法感受到我们沟通的态度，反而还会因为机械、生硬的字句让用户的情绪更糟糕。所以，在处理差评时，用电话沟通是个明智的选择，既能体现积极响应的态度，也能用真诚的话语安抚用户的心情。

步骤 3 使用"退款"的承诺。

有一部分用户在给出差评时，表现出非常坚定的态度，此时可以给用户退货或者退款。在处理的过程中，可以使用协商的口吻和态度进行沟通，让用户掌握主动权，并且适当地征求对方的意见。

▶ 任务思考

（1）用户给予差评后，太长时间不响应会产生什么后果？

（2）"退款"的方式会对平台自身产生什么不好的影响？使用这一策略时应该注意什么？

子任务二 应对投诉

▶ 任务背景

在进行用户沟通与服务的工作中，经常会遇到用户投诉某一项服务的情况。

美菜 App 在一次为餐馆提供原材料时，因物流问题延误了原有的到货时间导致该餐馆无法提供部分菜品给顾客；而且最终菜品送达餐馆时，部分蔬菜也已经腐烂。用户要求补偿时，也未能得到及时答复，用户最后选择了投诉。

作为用户沟通人员的你，此时该如何处理这个投诉呢？

▶ 任务分析

处理用户投诉是用户沟通中的常见工作之一，最好的结果就是在保障企业利益的情况下，给用户一个满意的结果；如果无法完全满足用户的要求，也应该尽量化解用户的敌意。在应对投诉的过程中，需要尽量让用户满意，必须分析并明确用户投诉的原因，然后根据实际情况进行处理。常见的投诉原因包括产品质量、服务品质、物流问题等，如图 2-5 所示。

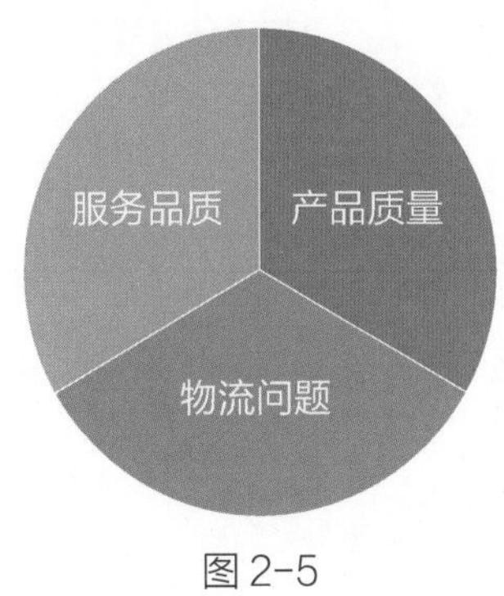

图 2-5

▶ 任务步骤

步骤 1 用积极的态度面对用户。

当接收到用户投诉后，首先需要明确处理的目的是帮助用户更好地解决问题，这样可以让双方在“解决问题”这一目标上达成共识，而非对立，以便接下来能顺利沟通。

步骤 2 详细了解用户反馈的问题，如实记录。

用户的倾诉和抱怨，正是沟通人员了解问题的过程和机会。全面地了解问题后，需向用户表明会尽力解决问题，并承担相应的责任。随后要了解用户真正的诉求，并逐步对其诉求进行合理调节。

步骤 3 为用户提供解决方案，争取达成共识。

处理用户投诉的最好结果是实现双赢。在提出一个预期双方都能够接受的解决方案后，让用户在融洽的气氛里接受解决方案。最终双方能够排除误解，达成共识，实现双赢。

步骤 4 完善措施，总结回顾。

除了要将提供给用户的承诺付诸行动，解决当下的问题，更重要的是如何从一次投诉中总结出经验，对企业现有的流程与制度进行改进与完善，以防止再次发生同类问题。

任务思考

（1）已经对用户投诉给予了最大限度的补偿，但依旧不能与用户达成共识，这时应该怎么办？

（2）一个没有处理好的“投诉”将会给产品带来什么样的不良影响？

3-1

工作领域三 活动运营

工作任务一　活动策划

任务目标

- 能够明确一次活动运营的目的。
- 能够制订清晰的活动运营目标。
- 能够设计新颖有趣的活动方式。
- 能够撰写简明清晰的活动方案。

任务导图

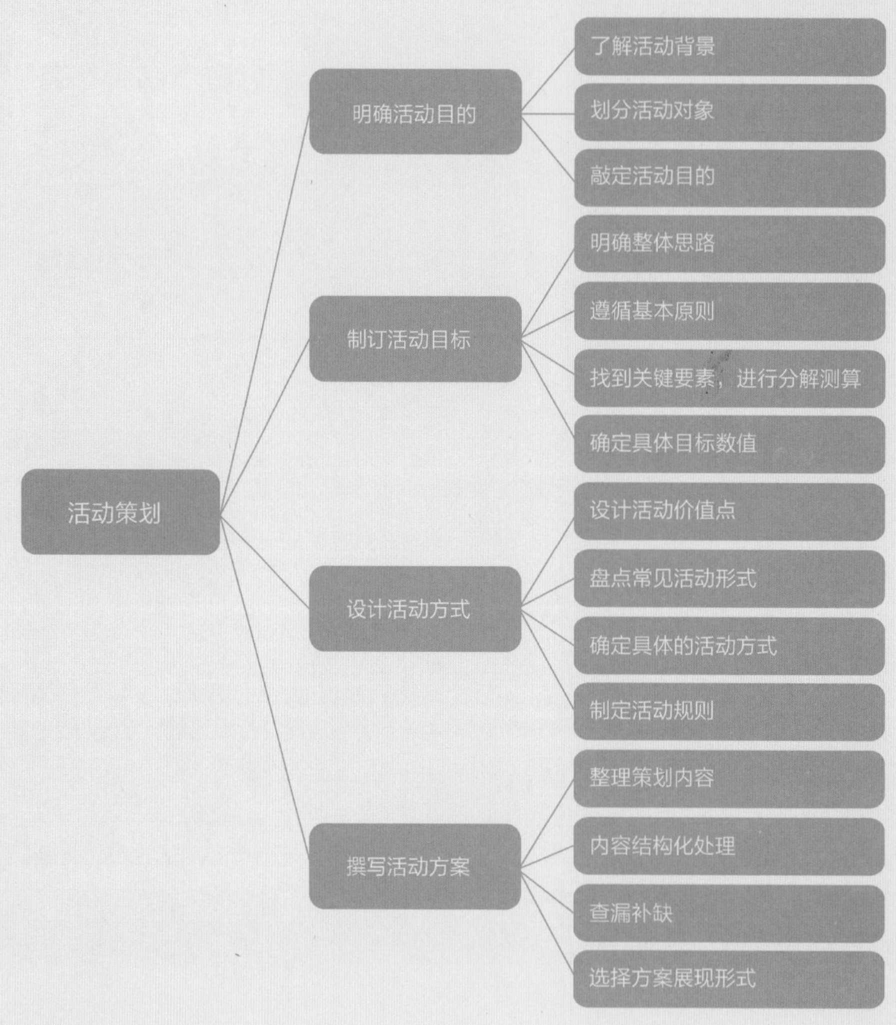

知识回顾

请学员在回顾《移动互联网运营（初级）》教材中的知识后回答以下问题。

（1）活动运营目标的拆解有哪些基本思路？

（2）常见的活动形式如何分类？有哪些主要的活动形式？

子任务一 明确活动目的

▶ 任务背景

M 咖啡厅为了更好地服务自己的顾客，开通了一个同名公众号，目前已经有 3 万关注者，但是最近三个月各项运营数据都停滞不前。作为公司的运营人员，需要用活动运营来全面优化运营效果。你会怎么做呢?

▶ 任务分析

以终为始是一种优秀的习惯，活动运营人员尤要如此。开始活动运营前，最重要的就是要通过梳理明确活动运营的目的。明确的活动目的可以为一场活动的开展提供明晰的方向，所有行动都是为目的服务的。确定活动目的可以从活动背景、活动对象等方面入手。

▶ 任务步骤

步骤 1 了解活动背景。

了解活动背景就是要了解为什么要做活动。活动背景是策划一场活动的出发点，是对市场的观察和预判。了解活动背景可以从产品变化、热点趋势、竞品变动、人群特点等 4 个方面进行，如图 3-1 所示。分析完成后，可将对应的分析结果填入表 3-1。

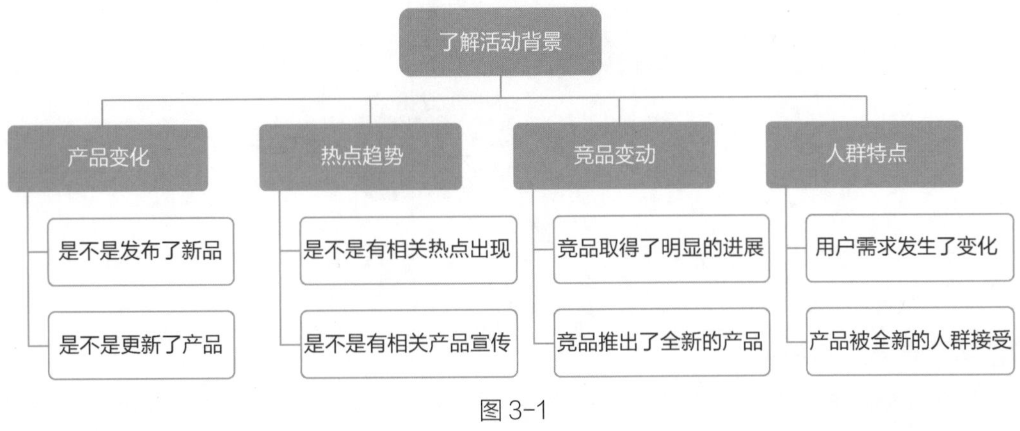

图 3-1

表 3-1

分析角度	结果汇总
产品变化	
热点趋势	
竞品变动	
人群特点	

步骤 2 划分活动对象。

任何一个活动都需要人来参与，参与活动的人就是活动对象，不同的人群有不同的特点，因此活动的方式也不同。一般来说，活动对象主要分为新用户、老用户、流失用户等，如图 3-2 所示。

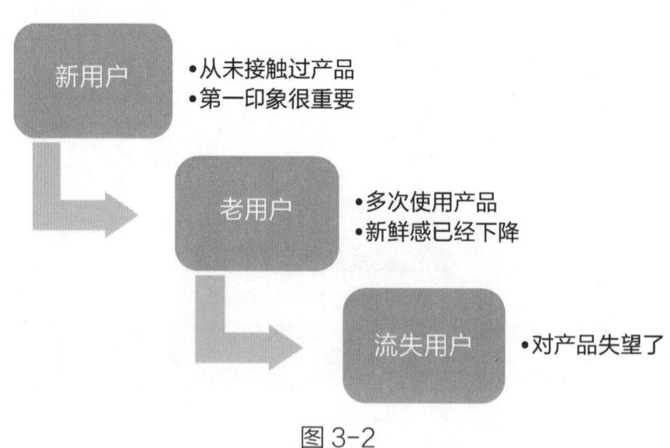

图 3-2

步骤 3 敲定活动目的。

开展一场活动的目的主要分为获取用户、提高用户留存率、促进用户活跃度、召回流失用户等 4 类，如图 3-3 所示。再联系步骤 1 和步骤 2，最终明确活动目的，将结果填入表 3-2。

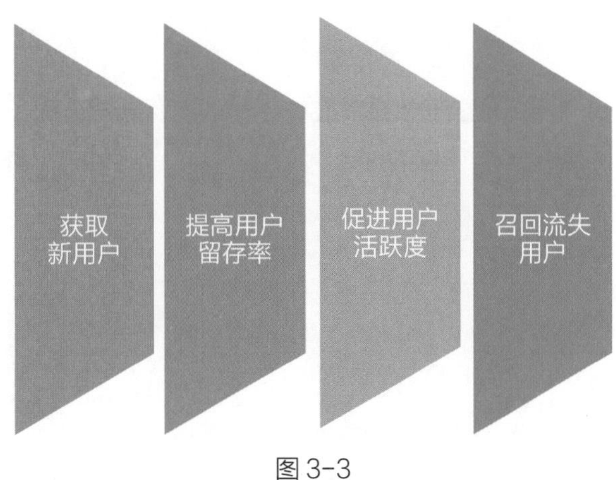

图 3-3

表 3-2

活动背景	活动对象	活动目的

▶ 任务思考

（1）除了上述常见的 4 种活动目的，还有哪些活动目的？试举一二例。

（2）分析活动目的时，为什么要了解活动背景？

子任务二　制订活动目标

▶ 任务背景

经过子任务一的分析，确定了本次活动的目的。作为 M 咖啡厅的微信运营人员，你已经对自己的工作内容有了相对明确的方向。但是活动具体要实现什么样的目标，你还没有明确。目前微信公众号的用户已经有 3 万了，那么接下来通过活动可以将用户数提升到多少呢？在设计活动方式前，你需要好好思考一下。

3-1

▶ 任务分析

目的是行动的方向，而目标则是目的的具体化表述。在制订目标的过程中，有很多关键的原则需要遵守。同时，为了能够实现目标，需要仔细地测算每一种可以实现目标的路径，最后得出具体可实现的数据目标。

▶ 任务步骤

步骤 1 明确整体思路。

明确活动目的之后，接下来需要制订目标。目标是具体可实现的，甚至是数据化的。制订目标的过程，是通过找到影响获取新用户、提高用户留存率、促进用户活跃以及召回流失用户等的关键要素，进行目的的具体分解，最终确定具体的数据目标。具体目标是衡量活动是否成功的依据。

步骤 2 遵循基本原则。

制订目标，需要遵守“SMART”原则，即目标必须是具体的（Specific）、可以衡量的（Measurable）、可以达到的（Attainable）、与其他目标具有相关性的（Relevant）、有明确时限的（Time-bound），如图 3-4 所示。在制订的过程中需要从这 5 个原则出发去思考，也需要在制订完成后用这 5 个原则来评判。

图 3-4

步骤 3 找到关键要素，进行分解测算。

以获取新增用户为例，可以盘点新增用户的来源渠道，分析和计算每一个渠道可获得的用户数，从而实现目标的分解，明确可实现的方式，图 3-5 所示为本书提供的测算案例。

活动目标测算				
增长方式		用户日增长量	活动时间(天)	用户总量预估
渠道1自然增长	现有自然增长	30	7	210
渠道2推广增长	微信群推广	50	7	350
	账号互推	20	7	140
渠道3活动增长	大转盘抽奖关注	218	7	1526
	留言抽奖	480	7	3360
	线下地推	110	7	770
小计				6356

图 3-5

步骤 4 确定具体目标数值。

将所有渠道的数值相加汇总，得到本次活动的总数据目标。

▶ 任务思考

（1）目标分解测算的关键点是什么？

（2）如何判断每种方式的用户日增长量？

子任务三　设计活动方式

▶ 任务背景

活动方式经常会推陈出新，这也是新活动可以吸引人参与的原因，因此在策划活动的过程中，要着重设计好活动方式。

针对 M 咖啡厅开通的微信公众号开展活动运营，目前已经制订了清晰明确的目标，接下来就要针对用户设计有趣又吸引人的活动方式了。

3-1

▶ 任务分析

活动方式设计是活动运营的灵魂，核心在于设计丰富多彩和新颖有趣的活动方式，这样有助于提高活动效果。活动方式设计主要包含活动价值点的设计、具体活动方式的确定，在这些工作的基础上形成完善的活动内容规则。

▶ 任务步骤

步骤 1 设计活动价值点。

设计活动方式时，首先需要找到用户参与活动的价值点，列出用户参与活动都可以获得哪些物质利益或情感共鸣，例如优惠券、折扣、纪念品、返利、独特体验、以及各个层面的共鸣等，可以参考如图 3-6 所示的方式进行思考。

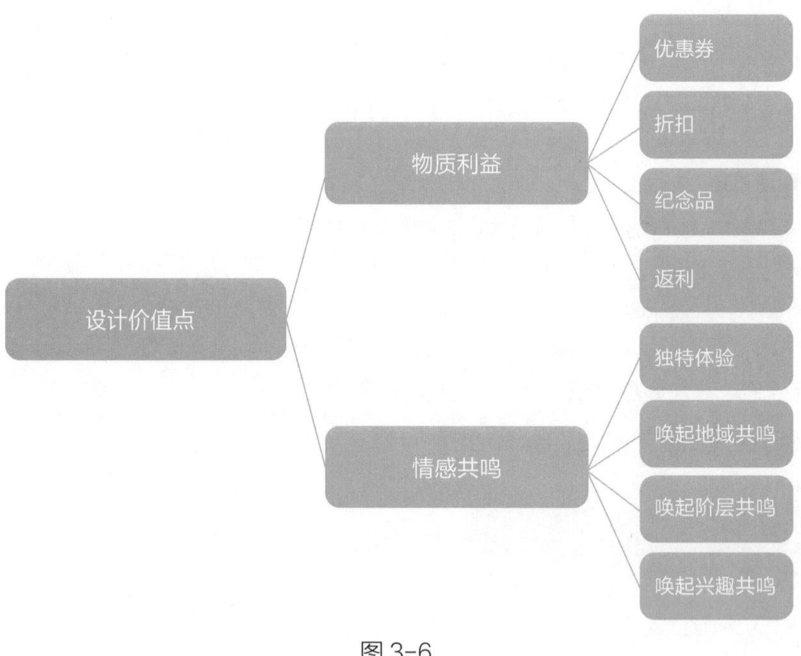

图 3-6

步骤 2 盘点常见活动形式。

活动形式可以分为线上活动和线下活动，移动互联网运营活动主要在线上，可以在自有平台，也可以在第三方平台进行。常见的活动形式如图 3-7 所示。

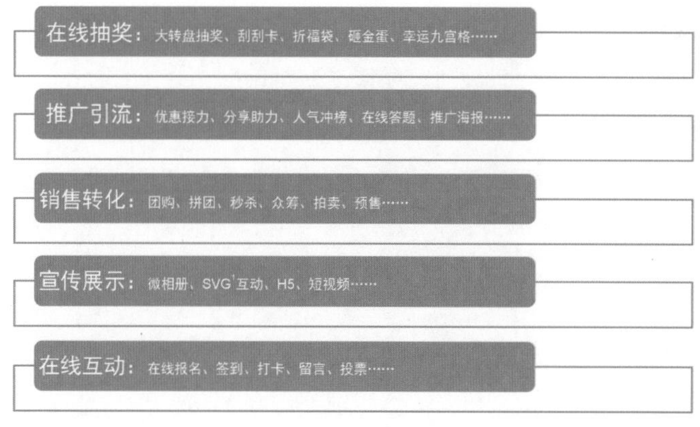

图 3-7

步骤 3 确定具体的活动方式。

活动的方式总在不断更迭，需要不断学习和了解价值点及具体活动方式的设计。移动互联网活动运营中典型的活动方式包括分享助力、在线答题、拆福袋、大转盘抽奖、拼团、砸金蛋等。设计活动方式的核心就是要设计用户的行动路线。图 3-8 展现的是一个用户被微信文章吸引，并参与抽奖，最终关注公众号的完整行动路线。

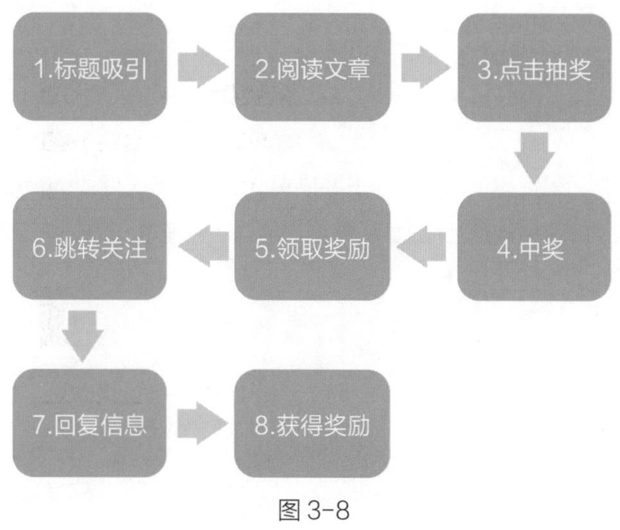

图 3-8

[1] SVG：Scalable Vector Graphics，可缩放矢量图形。

步骤 4 制订活动规则。

确定活动方式之后，需要明确活动规则，为用户参与活动提供必要的指引。活动规则分为详细和简单两个版本，用于不同的场景。详细版本的活动规则，需要事无巨细地明确用户参与的所有事项，不清晰的活动规则会产生漏洞，会导致不必要的纠纷。简单版本的活动规则只需要列出核心要点，便于宣传。

任务思考

（1）除了参考常见的活动方式，还可以设计出哪些新颖的活动方式?

（2）制订活动规则有哪些更高效的方式?

子任务四　撰写活动方案

任务背景

策划活动是一个思考的过程，思考的结果必须要被清晰地表达出来。

M 咖啡厅微信公众号的活动运营内容已经基本准备好啦，现在需要跟部门领导进行汇报，申请预算和其他部门的支持，这时需要制作一份活动方案。

任务分析

一份好的活动方案，是活动策划工作的主要体现。活动实施需要团队参与，活动方案就是团队沟通的基础。活动方案撰写与设计主要从内容、结构、完整性以及方案展现形式等 4 个方面进行。

任务步骤

步骤 1 整理策划内容。

对前两个任务中产出的内容进行整理，如图 3-9 所示，对没有形成文字内容的需要撰写出简单易懂、逻辑清晰的文案。

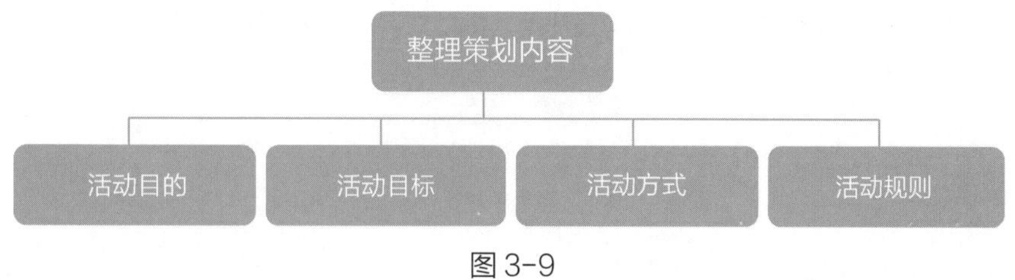

图 3-9

步骤 2 内容结构化处理。

不同目的的活动，其关键要素可能不同，因此要掌握常规的几种活动的关键要素。在整理策划内容的时候，按照这一类型活动的关键要素进行整理，形成结构化的内容，如图 3-10 所示。

图 3-10

步骤 3 查漏补缺。

掌握了由活动的关键要素所形成的结构化内容，一方面可以据此整理方案内容，另一方面便于查漏补缺，要参考该结构将前期没有考虑到的内容补充完整。

步骤 4 选择方案展现形式。

活动方案的展现形式主要分为文字稿和演示文稿两大类，前者的特点是方便快捷，后者的特点是生动形象，但制作难度较高。如果是内部沟通使用，多以文字稿为主；如需进行外部展示，则要制作成演示文稿。

任务思考

（1）常用的活动方案可以分为哪几种?

（2）如何积累常见的活动方案模板?

3-2

工作领域三 活动运营

工作任务二 活动执行

任务目标

- 能够把控整体活动的筹备和执行的节奏。
- 能够制订活动统筹的表格清单。
- 能够掌控活动可能存在的风险和执行要点。
- 能够进行有效的活动总结和复盘。

任务导图

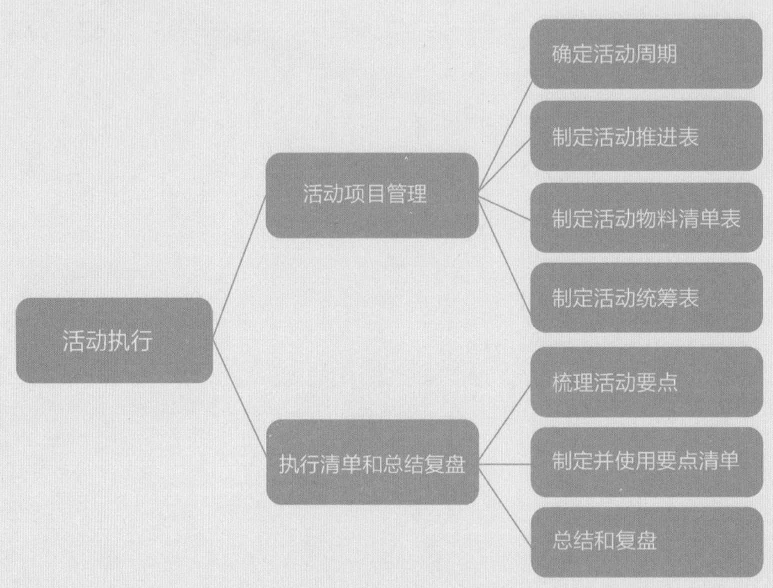

知识回顾

请学员在回顾《移动互联网运营（初级）》教材中的知识后回答以下问题。

（1）如何做好活动统筹?

（2）有哪些常见的活动执行风险?

子任务一　活动项目管理

▶ 任务背景

一切活动策划的目的，都需要通过活动执行才能实现。

M 咖啡厅微信公众号的活动运营方案已经通过，现在要真正开始付诸行动，这个活动涉及的人员很多，其他同事通过阅读活动方案已经了解了大致情况，但是不了解各自的明确任务。现在需要针对这个活动的实施制订明确的活动项目，以便安排执行。

▶ 任务分析

活动执行是活动运营的关键，有些活动策划做得好，但是执行不到位，效果也要大打折扣。执行活动前，最重要的就是做好活动项目管理，主要从活动事项、活动物料及团队协作 3 个方面进行。通过提前设计活动推进表、活动物料清单、活动统筹表等 3 个表单，运营者可以更系统地执行活动。

▶ 任务步骤

步骤 1 确定活动周期。

任何活动的举办都有明确的活动周期，活动的执行必须严格按照活动周期推进，特别要注意不能超时和拖延，否则整体的活动进度就会受到影响，甚至无法如期举办。活动执行的阶段可分为筹备期、预热期和执行期，如图 3-11 所示。

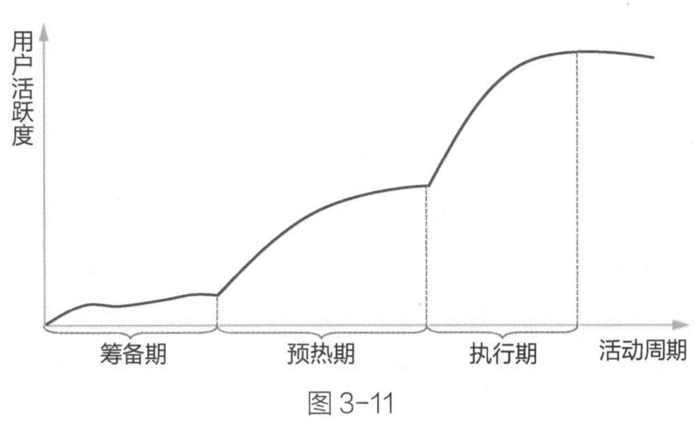

图 3-11

步骤 2 制订活动推进表。

以筹备期、预热期和执行期为主要阶段，首先将具体的日期填入活动周期的对应阶段，再将每一项工作内容分别填入对应的任务简述栏中，并在任务进度中明确标识出每一项工作的进度，图 3-12 所示的活动推进表供参考。

只作为项目示例，不做实际使用

活动推进表						
部门	运营	项目经理	李三三			
启动日期	2020/11/28	结束日期	2020/12/14			
当前日期	2020/12/04	剩余天数	10			
任务简述	任务类型	负责人	任务进度	开始日期	截止日期	备注
确认活动策划案	活动策划	@张甲	100%	2020/11/28	2020/12/1	
确认活动流程	活动策划	@李丁	100%	2020/11/28	2020/12/1	
确认活动KOL	活动策划	@李丁	75%	2020/12/2	2020/12/4	
抽奖礼品筹备	活动物料	@严丙	50%	2020/12/2	2020/12/10	
宣传海报制作	宣传资料	@邱乙	25%	2020/12/4	2020/12/10	
宣传视频制作	宣传资料	@李丁	0%	2020/12/5	2020/12/12	
宣传文案撰写	宣传资料	@张甲	0%	2020/12/5	2020/12/11	
宣传物料投放	宣传投放	@邱乙	0%	2020/12/10	2020/12/14	
活动上线	活动上线	@李三三	0%	2020/12/14	2020/12/14	
活动数据统计	活动数据	@严丙	0%	2020/12/14	2020/12/15	
活动流量分析	活动数据	@严丙	0%	2020/12/14	2020/12/15	
活动转化率分析	活动数据	@严丙	0%	2020/12/14	2020/12/15	

图 3-12

步骤 3 制订活动物料清单。

活动物料是活动的重要组成部分，举办活动时很大一部分工作内容都围绕物料进行。通常，线上活动和线下活动的物料具有较大差异，所以活动物料清单表可分为线上物料清单和线下物料清单，如图 3-13 和图 3-14 所示。线上物料清单包括活动宣传和平台宣传 2 类，涵盖各类文案、视频和账号等；线下物料清单则涉及现场工作人员、现场宣传以及礼品等 3 个类别的物料。运营人员在清理所需物料后，需要将每项物料责任到人，并标明完成期限，最后合成活动物料清单。

在活动执行过程中，运营负责人需要跟进所有物料的准备情况，《物料清单表》尽量每日更新。运营负责人必须提前跟进并催促快要到期的物料准备工作，防止发生物料延误的情况。

线上物料清单					
类别	内容	概述	初稿时间	确认时间	负责人
活动宣传	公众号文案	互动预热与活动现场宣传两版文案	12月10日	12月11日	张甲
	微博文案	互动预热与活动现场宣传两版文案	12月10日	12月11日	张甲
平台宣传	宣传视频	用户线上传播，提前预热，需要吸睛有趣	12月11日	12月12日	李丁
	投放账号	以行业类和本地新闻类为主	12月10日	12月12日	李丁

只作为项目示例，不做实际使用

图 3-13

线下物料清单							
类别	内容	概述	单位	数量	初稿时间	完成制作	负责人
现场工作人员	工作证	工作人员现场佩戴，86×54mm	个	50	12月10日	12月12日	张甲
	服装	工作人员现场工作服装	套	50	12月10日	12月12日	张甲
现场宣传	海报	现场宣传海报，60×90cm，100g铜版纸，四色印刷	张	6	12月8日	12月10日	邱乙
	易拉宝	铝合金展架，写真布喷绘，宽80cm，高200cm	个	4	12月8日	12月10日	邱乙
	产品手册	16开，骑马钉装订	本	100	12月8日	12月10日	邱乙
礼品	咖啡豆	500g中度烘焙咖啡豆	包	30	12月7日	12月10日	严丙
	咖啡杯	400ml烤瓷咖啡马克杯	个	70	12月7日	12月10日	严丙

只作为项目示例，不做实际使用

图 3-14

步骤 4 制订活动统筹表。

活动统筹表强调的是总控和运筹，为负责人时时把控活动进度提供依据。活动统筹表的关注点在“人”，利用该表可以清晰地掌握活动执行团队每个成员负责的事项，如图 3-15 所示。

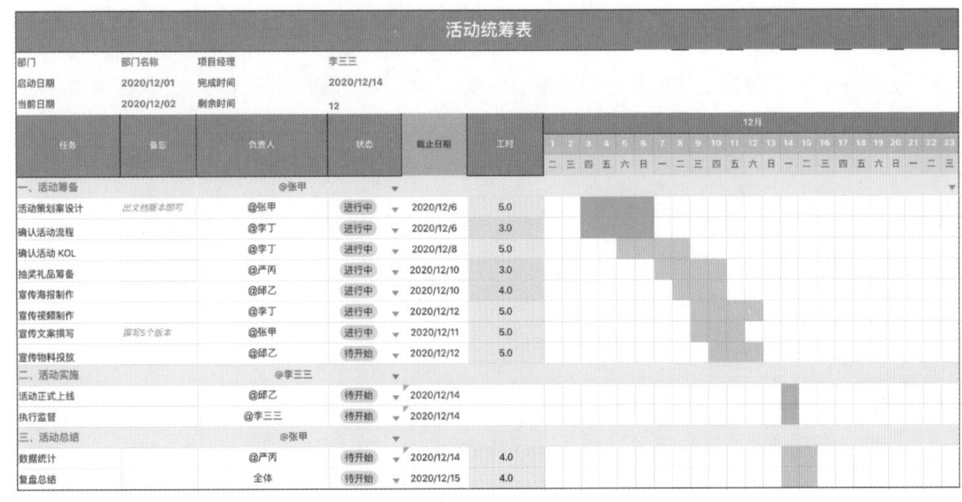

活动统筹表

部门	部门名称	项目经理	李三三
启动日期	2020/12/01	完成时间	2020/12/14
当前日期	2020/12/02	剩余时间	12

任务	备忘	负责人	状态	截止日期	工时
一、活动筹备		@张甲			
活动策划案设计	出文档版本即可	@张甲	进行中	2020/12/6	5.0
确认活动流程		@李丁	进行中	2020/12/6	3.0
确认活动 KOL		@李丁	进行中	2020/12/8	5.0
抽奖礼品筹备		@严丙	进行中	2020/12/10	3.0
宣传海报制作		@邱乙	进行中	2020/12/10	4.0
宣传视频制作		@李丁	进行中	2020/12/12	5.0
宣传文案撰写	撰写5个版本	@张甲	进行中	2020/12/11	5.0
宣传物料投放		@邱乙	待开始	2020/12/12	5.0
二、活动实施		@李三三			
活动正式上线		@邱乙	待开始	2020/12/14	
执行监督		@李三三	待开始	2020/12/14	
三、活动总结		@张甲			
数据统计		@严丙	待开始	2020/12/14	4.0
复盘总结		全体	待开始	2020/12/15	4.0

图 3-15

▶ 任务思考

（1）如何高效制作 3 张主要的活动表格?

（2）如果活动筹备过程出现延期，可以采用什么应对办法?

子任务二　执行清单和总结复盘

▶ 任务背景

充分准备活动可以有效降低风险。但是无论准备得多充分，都可能发生不可预测的意外事件，这就要求在执行的过程中，提前关注和预测活动风险。

确定 M 咖啡厅微信公众号的活动运营安排之后，所有的工作人员已经开始了紧锣密鼓的准备，活动开始前，领导还是有些不放心，要求运营负责人做一个要点分析，以便于监控执行过程。

▶ 任务分析

执行清单是执行过程中使用的重要手册，在其中列出最重要的关键节点并予以关注，可以有效降低活动执行的风险。关注活动的总结和复盘，可以为下一次活动的开展提供参考经验。

▶ 任务步骤

步骤 1 梳理活动要点。

执行过程中，除了根据活动统筹表查看整体进度，还需要全面掌握本次活动的关键要点，这些要点对活动的成败起着关键作用。不同阶段的要点可能不完全一样，需要准确把握。

步骤 2 制作并使用活动要点清单。

将梳理出的活动要点制作成一个可以使用的清单，将每项要点明确化，用清单进行管理并实时查看。

步骤 3 总结和复盘。

活动后期及活动结束之后，需要对活动进行总结和复盘。主要从背景、目标、效果、分析和经验教训等 5 个方面进行，可以将复盘内容填入表 3-3 中。

表 3-3

角度	复盘内容
背景	
目标	
效果	
分析	
经验教训	

▶ 任务思考

（1）活动执行过程中主要有哪些风险？

（2）活动复盘和总结应该注意哪些问题？

4-1

■ 工作领域四 生活服务平台基础运营

• 工作任务一 认识生活服务平台运营

▶ 任务目标

- 能够对生活服务平台进行分类。
- 能够明确生活服务平台运营岗位的特点。
- 能够分析自身优势与生活服务平台运营岗位的特点，并进行匹配。

任务导图

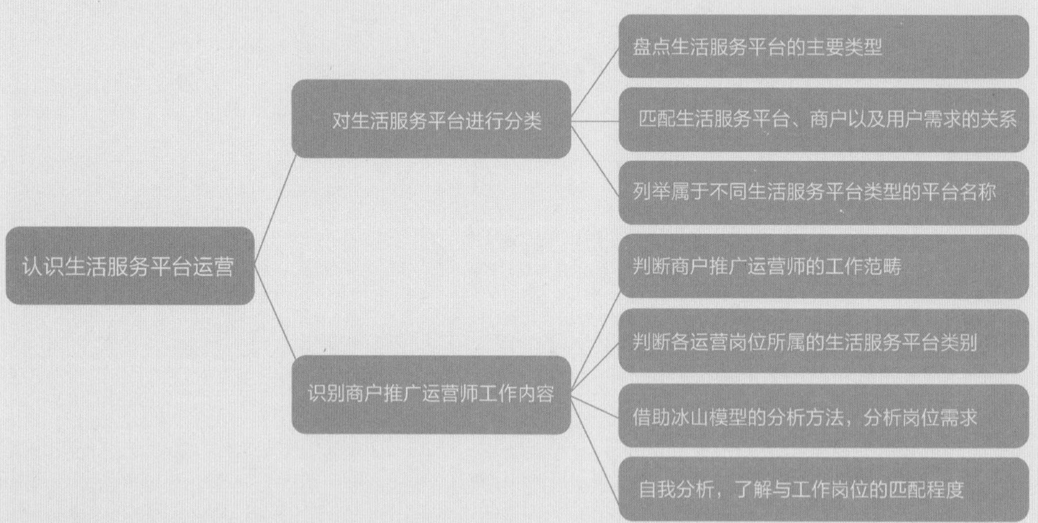

知识回顾

请学员在回顾《移动互联网运营（初级）》教材中的知识后回答以下问题。

（1）生活服务平台主要包含哪 3 个基本要素？

（2）为什么说商户推广运营师不是传统岗位？

子任务一　对生活服务平台进行分类

任务背景

随着移动互联网的发展和普及，通过手机订外卖、订酒店的人越来越多，这也造就了一批生活服务类的移动互联网平台和企业。你的朋友小张想去这些企业工作，但对这个行业不太了解。现在请你帮小张简单梳理生活服务平台的概念和类型。

任务分析

首先要明确生活服务平台的概念：生活服务平台作为新兴电子商务平台，主要连接商户与消费者。平台可按“衣食住行用”等服务方向进行分类，在了解生活服务平台所提供的服务方向后即可判断生活服务平台的大致类型。

任务步骤

步骤 1 盘点生活服务平台的主要类型。

通过学习《移动互联网运营（初级）》教材内容，可以知道根据使用价值的不同，生活服务平台能够被分为以下 5 类：外卖到家类、到店类、酒店旅行类、生鲜零售类、交通出行类。请将各类生活服务平台的功能（至少列举 2 条）填入表 4-1。

表 4-1

类型	平台功能
外卖到家类	
到店类	
酒店旅行类	
生鲜零售类	
交通出行类	

步骤 2 匹配生活服务平台、商户以及用户需求的关系。

在图 4-1 中根据平台用户需求、商户所提供的服务和生活平台类型之间的逻辑关系，图标用连线的方式进行匹配。

图 4-1

步骤 3 列举属于不同生活服务平台类型的平台名称。

随着信息技术及商业模式的发展，各种各样的生活服务平台也在不断迭代。请在表 4-2 中就每一种生活服务平台类型，至少列举 2 个对应的平台名称。

表 4-2

类型	平台名称
外卖到家类	
到店类	
酒店旅行类	
生鲜零售类	
交通出行类	

▶ 任务思考

（1）除了书中介绍的 5 类生活服务平台，是否还会出现其他类型的服务平台?

（2）一个生活服务平台是否可以同时提供多种类型的生活服务?

子任务二　识别商户推广运营师工作内容

▶ 任务背景

小张又发现有很多种对商户推广运营师这个岗位的描述。请你帮助他梳理并判断商户推广运营师的工作内容。

▶ 任务分析

首先需要明确商户推广运营师的主要工作职责；其次需要区分容易混淆的传统运营岗位与生活服务平台商户推广运营师的岗位；最后借助“冰山模型”进行自我评价，了解自己与岗位的匹配程度。

▶ 任务步骤

步骤 1 判断商户推广运营师的工作范畴。

生活服务类平台的飞速发展创造了包括商户推广运营师、酒店商家运营师、内容运营师等多种新岗位。商户在生活服务平台上的竞争也日趋激烈，需要更多的运营人才帮助商户获得竞争优势。请从图 4-2 中挑选出属于商户推广运营师的岗位描述。

步骤 2 将不同类型的运营岗位归类至各自所属的生活服务平台。

请阅读图 4-3 中的岗位描述，判断这些岗位属于哪类生活服务平台。

职位描述
1.负责已签约酒店的维护、运营工作。
2.负责调整优化预订方案，提升销量。
3.负责向商家推广平台的新功能与新产品，持续提升消费者的使用体验。
4.负责协助商家完成运营活动的提报与上线。
5.评估所负责的城市或区域市场情况。

任职要求
1. 具有清晰的语言表达能力。
2.有相应的工作经验，销售和沟通能力强、抗压能力强。
3.有良好的团队合作精神，善于接受新鲜事物。

职位描述
1.负责电商平台上的产品详情页、活动海报、电商推广等文案撰写；负责微信平台朋友圈、社群、公众号图文编辑等。
2.负责其他业务板块的文案撰写。
3.完成领导交待的其他任务。

任职要求
1.热爱文字，对自己的作品有要求。
2.能够理解产品卖点和用户需求。
3.具备超强的沟通和理解能力。
4.能够快速适应新环境、新产品。

职位描述
1.负责公司淘宝店铺及京东店铺的日常运营工作，善于挖掘免费流量、付费推广资源等，根据实际效果不断调整推广计划，提升销量。
2.负责电商日常活动策划。
3.协调内部和外部渠道相关推广资源，跟进推广效果。
4.运用各种监测系统和分析工具，不断调整推广策略。

任职要求
1.具备1年以上电商行业的推广经验。
2.性格开朗、善于沟通，工作认真负责。
3.熟练掌握MS Office办公软件、Photoshop等设计软件，有优秀设计或者文案作品者优先。
4.熟悉淘宝、京东等电商平台的运营规则。

职位描述
1.负责对内的门店管理、外卖共享厨房的线下运营管理，包括商户入驻对接、进场接驳、平台上线对接、生产经营管理、场地环境卫生管控、客户问题解决与关系维护等。
2.负责对外招商工作，熟悉项目商圈情况，制订项目招商策略，引进商户入驻。
3.协助区域范围内对外公共关系维护（物业、街道、派出所、消防），避免重大事故发生。
4.负责外卖平台运力协调、准确配送等。

任职要求
1.具有独立思考及清晰的语言表达能力。
2.有相应的工作经验，销售和沟通能力强、能在较强压力下出色完成任务。
3.熟练使用MS Office等办公软件。
4.有良好的团队合作精神和敬业精神，普通话标准，善于学习。

图 4-2

岗位描述

1.负责平台（包括美团、饿了么等）的营销活动，快速积累公司旗下品牌在外卖平台的销售量，提升排行。
2.负责外卖/点评等各类点餐外送平台的对接，妥善处理加盟商和外卖平台之间的合作关系。
3.对活动推广效果进行定期跟踪、评估，并提交统计分析报表，据此提出改进方案。
4.利用各类网络营销推广方式，整合内外部资源。

岗位描述

1.负责美团业务规划，对美团店铺进行运营管理。
2.负责店铺装修、商品上传维护、页面广告创意优化等工作，提高店铺点击率、浏览量和转化率。
3.对接品牌与平台资源，统筹品牌与平台的线上整体营销方案和推广方案，并落地实施。
4.收集市场和行业信息，了解广告投放规则；分析竞争对手的市场优势，并提出行之有效的跟进与改进方案。

岗位描述

1.熟悉各类OTA平台的运营模式，维护OTA平台合作资源。
2.协助产品经理进行新品上线、产品更新、价格跟进、运营推广等工作。
3.熟悉酒店产品上下架、订单处理、客户服务等各项工作流程，推动整体流程优化升级。
4.统计分析产品销售数据，为渠道运营和产品开发提供数据支持。
5.熟悉公司产品运作流程，协助产品经理与酒店洽谈各阶段合作协议。

岗位描述

1.负责对接代驾司机与平台的日常沟通。
2.协助司机提升服务质量。
3.负责滴滴代驾市场占有率的提升。
4.负责代驾平台运营的其他工作。

图 4-3

步骤 3 借助冰山模型的分析方法，分析岗位需求。

借助冰山模型的分析方法，对图 4-3 中第 2 个商户推广运营师的工作内容进行分析，了解并明确该岗位对知识、技能与能力的需求，并填入表 4-3。

表 4-3

商户推广运营师岗位需求分析	
知识	
技能	
能力	

4-1

步骤 4 自我分析，了解与工作岗位的匹配程度。

了解商户推广运营师岗位需求后，结合步骤 2 和步骤 3 的分析，对求职人的能力进行匹配度判断。针对岗位需求提出的知识、技能和能力要求，进行自我分析，列出能够表明自己符合岗位要求的事例，如果事例越多，则说明匹配度越高。可以借助表 4-4 进行匹配分析。

表 4-4

	岗位内容 / 要求	符合岗位要求的事例	岗位匹配
知识			
技能			
能力			
举例	熟悉在线旅行社产品的上下架、订单处理、客户服务等工作流程	事例 1：考取了教育部“1+X”移动互联网运营初级职业技能等级证书，进行酒店运营的模块训练超过 30 小时，在美团酒店、携程酒店完成 3 家酒店入驻和每家酒店 6 个产品的上传，累计处理订单 50 单，与用户沟通 80 次	匹配

▶ 任务思考

（1）商户推广运营师与其他线上运营岗位有什么区别?

（2）如果成功应聘，成为商户推广运营师，可以从哪方面开始开展工作?

4-2

■ 工作领域四 生活服务平台基础运营

•• 工作任务二 外卖平台基础运营

▶ 任务目标

- 能够清楚了解不同的外卖平台及各自的区别。
- 能够准备入驻平台所需的全部材料。
- 能够制订符合自身情况的店铺装修方案。
- 能够制订新颖有趣的外卖菜单。

任务导图

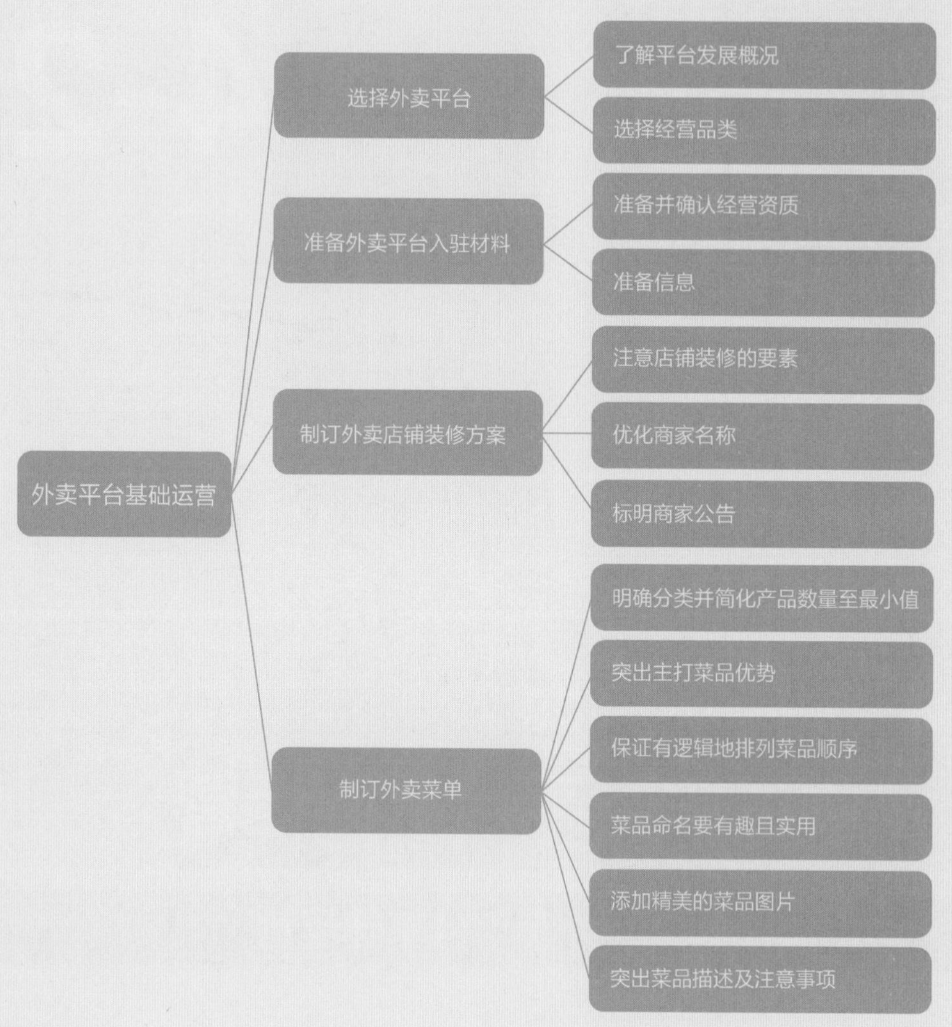

知识回顾

请学员在回顾《移动互联网运营（初级）》教材中的知识后回答以下问题。

（1）店铺入驻平台需要注意哪些问题?

（2）店铺入驻平台需要如何操作?

子任务一　选择外卖平台

任务背景

在一条步行街上有 M 和 N 两家相邻的奶茶店，M 奶茶店因为开通了外卖业务，每天能卖出非常多的奶茶，节假日的店面生意也很好，后续关闭堂食业务，只做外卖业务；而 N 奶茶店只做堂食业务，店铺流水并不高。

为了能够招揽生意，提高订单量，将店铺继续经营下去，N 奶茶店老板要求作为员工的你负责开通店面的外卖业务。外卖业务要一切从零开始，你能够怎么做？

任务分析

首先要认识并了解相关业务平台。不同的平台有不同的规则机制与特性，并不是所有的平台都适合入驻。在开展业务之前，了解并选择合适的外卖平台至关重要。

任务步骤

当前，主流的外卖平台为美团外卖和饿了么两家，但在线下店铺开展外卖业务之前，也需根据自身情况判断是否符合平台特性，可从发展概况和经营品类两大方面了解这两家外卖平台的基本情况。

步骤 1 了解平台发展概况。

了解平台发展概况，主要从品牌主体、投资金额、发展年限、经营品类、入驻渠道等方面进行。通过对比分析，可形成对平台的初步认知。

请从上述角度，了解 2 家外卖平台的发展概况，并将结果填入表 4-5。

表 4-5

	平台名称	品牌主体	投资金额	发展年限	经营品类	入驻渠道
对比						

步骤 2 选择经营品类。

选择外卖平台的一个重要的考量因素是经营品类。一方面需要确认外卖平台是否开通了商户业务所需的品类，另一方面需要核查商户自身的业务是否符合外卖平台的要求，两者都会对商户的正常上线产生实际的影响。

任务思考

（1）在对平台进行调研时需要注意哪些方面?

（2）为什么要考量平台的经营品类?

子任务二　准备外卖平台入驻材料

任务背景

对平台进行调研之后，你发现两家平台都适合入驻，向老板汇报后，老板希望你尽快完成入驻工作，入驻平台的流程和需要准备的材料，你了解吗?

任务分析

入驻外卖平台，只要商户满足相应的资质并经平台审核无误即可。虽然平台不同，但需准备的基本资料与流程大致相同。主要流程包含资质确认、信息准备、提交申请 3 个步骤。

任务步骤

步骤 1 准备并确认经营资质。

经营资质是一家店铺能够开展经营业务的基础，也是对平台用户的一个最基本的保障。在外卖平台经营店铺，首先需要具备相应的、合规的资质条件，须将证明经营资质的 3 种证件的图片上传平台，具体包括营业执照、食品经营资质、法定代表人 / 商户负责人手持身份证件等。

■ 营业执照。

首先需确认营业执照是否为原件，并且在此基础上保证上传的营业执照图片清晰，且重要信息无遮挡，这些重要信息包括统一社会信用代码、名称、营业期限、住所（经营地址）、经营范围、发证日期、发照机关等，如图 4-4 所示。

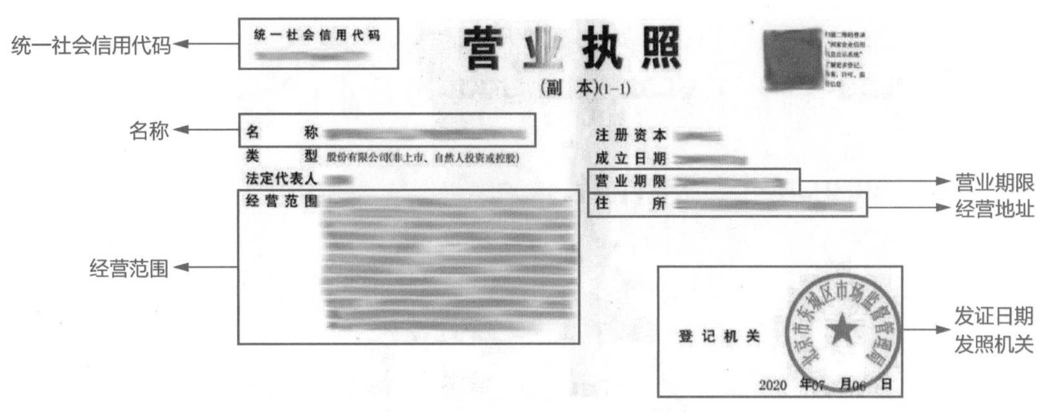

图 4-4

需要注意的是，营业执照的图片不得造假或出现与自身品牌无关的水印，如果营业执照为复印件，则需要加盖红色公章，公章文字需清晰且与营业执照上的名称内容一致。

■ 食品经营资质（包括但不限于食品经营许可证、小餐饮登记 / 备案证等）。

食品经营许可证等食品经营资质同样需要原件的图片，并确保在许可证有效期截止时间 30 天前提交审核。其他审核要求与营业执照类似，如图 4-5 所示。

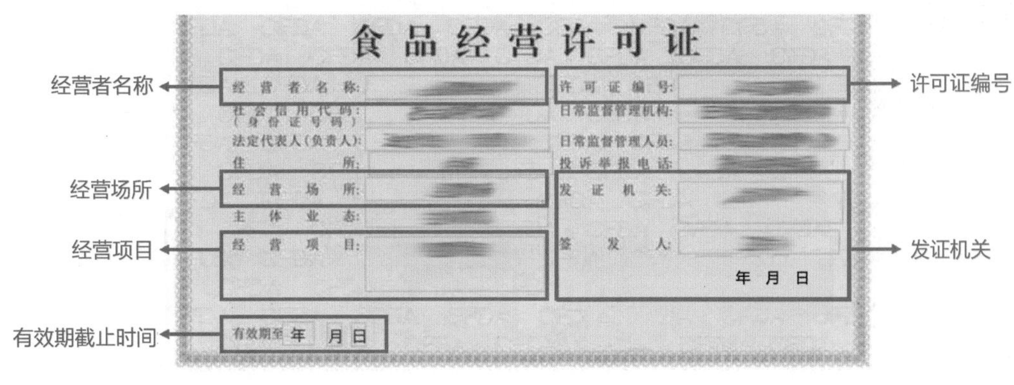

图 4-5

■ 法定代表人 / 商户负责人手持身份证件。

法定代表人或商户负责人手持身份证原件并露出完整五官拍照，部分证件还需要手持证件反面进行拍摄，如图 4-6 所示。

图 4-6

需注意，提供身份证件审核，身份证持有人需年满 18 周岁；若使用身份证复印件，则需将证件正反面复印在同一张纸上，并印上身份证持有人本人的手印。

步骤 2 准备信息。

在确认资质符合平台要求之后，则需要准备店铺名称、头图、门脸图、环境图、后厨图等 5 项内容，以完善相应的基础信息。

■ 店铺名称。

具体的店铺命名方式主要为 3 种，一是需要与门脸牌匾上的店名保持完全一致，如我们常见的好嫂子、小恒水饺等；二是录入的备注菜品信息需与门匾中出现的菜品信息一致，如嘉和一品（粥）；三是增加店面信息，如必胜客（五棵松店），此项需注意，括号内只能包含地理位置信息或者商场信息，且必须以“店”字结尾 。

■ 头图。

头图代表了店铺的门面，好的头图能够帮助商家更有效地吸引用户。平台对头图有着十分严格的要求。具体要求为图片完整且露出商户标志，色彩明亮美观，清晰不模糊，无水印、宣传语，不可侵权。店铺头图示例如图 4-7 所示。

■ 门脸图。

门脸图需要图片清晰、明亮，包含完整牌匾及完整正门。

图 4-7

■ 环境图。

环境图需要呈现清晰、明亮、真实的就餐环境。

■ 后厨图。

后厨图的作用主要是让前来消费的用户能够安心下单。

步骤 3 完成提交申请。

所有材料及图片准备好后，可正式提交入驻申请。平台审核分为两部分：一是线上的资质审核，二是平台市场经理进行线下核实，确保真实无误。因此，商家务必需要保证所有材料与店铺实体情况完全吻合，不能弄虚作假。

▶ 任务思考

（1）需要准备哪些入驻材料？

（2）如何确保入驻材料真实无误？

子任务三　制订外卖店铺装修方案

▶ 任务背景

店铺已顺利入驻平台，接下来你需要像平台上其他店铺那样完善店铺信息，装修自家店铺，从而吸引用户，提高订单量，你该如何做呢？

任务分析

店铺装修是商家必须要仔细考量的要点。虽然不同的平台有不同的规则，但通常都大同小异。

任务步骤

店铺形象是吸引用户的重要手段。美观且舒适的店铺装修对店铺来说尤为重要。

步骤 1 注意店铺装修的要素。

外卖店铺的装修主要分为商家层面和商品层面 2 个方向。

■ 商家层面。

商家层面装修，主要是展示店铺不定期的优惠活动、商家承诺提供的服务，以及商家公告等，如图 4-8 所示。

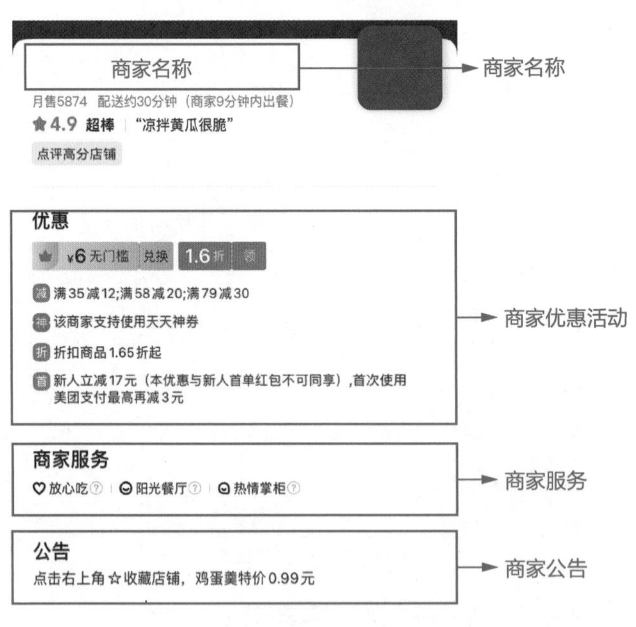

图 4-8

■ 商品层面。

商品层面的装修是为了将店内的商品进行分类整理，将所有商品信息进行迭代更新并展示出来，其中包括商品名称、分类名称、商品描述、商品规格、商品单位、商品价格、商品图片等，如表 4-6 所示。

表 4-6

商品相关	说明
商品名称	
分类名称	
商品描述	
商品规格	
商品单位	
商品价格	
商品图片	

步骤 2 优化商家名称。

商家名称起着对外宣传店铺的重要责任，也是能够代表商家招牌的标志之一。好的商家名称能够让用户过目不忘，还能有效地为商家带来订单，因此商家名称与店铺装修同样重要。

若在后续经营中发现店名有可继续优化提升的空间，则可以不断进行优化。在优化的过程中需要遵守三大原则：体现品类和属性，包含热门词汇，精简规范。

步骤 3 标明商家公告。

商家公告能够实时向用户告知店铺的关键信息，是店铺的重要宣传窗口之一。有效的商家公告可以大大优化用户的消费体验，甚至能够提升用户对店铺的忠诚度。

商家公告需要注意宣传语、特殊情况公告、店内活动等 3 个关键点。宣传语要有亮点、特殊情况要标明提示、店内活动介绍简单明了，做好这 3 个关键点，就能够大幅提升用户的好感度。

需要注意的是，公告中不可夹带任何不利信息，如黄赌毒等敏感内容、不文明内容、虚假宣传、明显的引流内容等。

任务思考

（1）店铺装修中最重要的是哪个步骤？为什么？

（2）在商家公告中，需要特别注意哪些内容？

子任务四　制订外卖菜单

任务背景

店铺装修完成后，就需要上传店内产品，并突出说明店内的主打产品，以吸引用户下单，提高订单量，你该如何做呢？

任务分析

简洁明了的菜单，不仅能够提升用户的消费体验、方便引导顾客下单，更能够直观地体现出店铺的最大特色。在竞争日益激烈的外卖平台，若想在众多同类店铺中脱颖而出，就必须要有一份优质的菜单，因而运营人员要仔细打磨菜单。

任务步骤

菜单主要为解决两个问题，一是如何让用户快速精准地找到自己想要的菜品，二是如何依靠内容吸引用户下单。我们要格外注意类别、优势、排序、命名、图片、注意事项等 6 个方面。

步骤 1 明确分类并简化产品数量至最小值。

明确分类最重要的目的是让用户对菜品一目了然，能够迅速地找到想要的产品并下单。用户付出的时间成本越小，下单的可能性就越大。因此，产品的类别与各类目下的产品数量均不宜过多，6 ~ 7 项较为合适。

步骤 2 突出主打菜品优势。

一款主打菜品往往是一家店铺安身立命的根本，也是在同类店铺中有别于其他店铺的特色。因此，店家需要找到并放大突出自身的优势，从而强化店铺在消费者心中的形象。

需要注意的是，并不是所有的菜品都适合放入菜单。有些菜品若在长时间配送的情况下口感会变差，为保证口碑，就不可将这类菜品放入菜单。

步骤 3 保证有逻辑地排列菜品顺序。

菜品的排列顺序也会直接影响用户下单。一般来说，需要将最容易吸引用户的菜品，包括主打菜品、优惠菜品等放置在前面醒目位置；而一些利润较小、对口碑提升不明显的菜品，则应放到靠后的位置。这样可以有效地帮助用户做出选择，提升用户的消费体验和订单量。

步骤 4 菜品命名要有趣且实用。

大多数的外卖平台，用户多为年轻人，因此，在菜品名称的设计上，要在能让用户了解菜品本身的基础上增添一些有趣的形容词或特色专区，这样更容易吸引年轻顾客。

步骤 5 添加精美的菜品图片。

菜品图片的精美程度会直接影响用户的选择，因为很多新用户对菜品的感知源于对菜品图片的直观印象。

制作一张好的菜品图片要重视光线、色彩色调、视角、风格、图片美化等内容。光线是否明亮柔和、色彩色调是否凸显食物本身色泽、视角是否恰当、风格是否统一等，都决定了一张图片是否优质并足够吸引人。

步骤 6 突出菜品描述及注意事项。

由于是线上下单，用户在消费时无法进行相关咨询，因此在菜品描述中，应将注意事项与趣味表述相结合，便于用户接受并引导用户下单。

在菜品描述上，首先需标注菜品的主要原料，便于用户清楚了解以防止用户选择了自己不喜欢的原料；二要详细描述制作工艺，提炼菜品卖点，方便用户深入了解菜品；三要对口味和口感进行细致的描述，以有效避免用户由于图片理解歧义而造成心理预期与现实的落差。

▶ 任务思考

（1）制订外卖菜单需要考虑哪些方面?

（2）拍摄菜品图片需要遵循哪些原则?

4-3

■ 工作领域四 生活服务平台基础运营

∴ 工作任务三　酒店旅行平台基础运营

▶ 任务目标

- 能够清楚了解不同的酒店旅行平台及各平台之间的区别。
- 能够准备入驻平台所需的全部材料。
- 能够制订符合自身情况的店铺装修方案。

任务导图

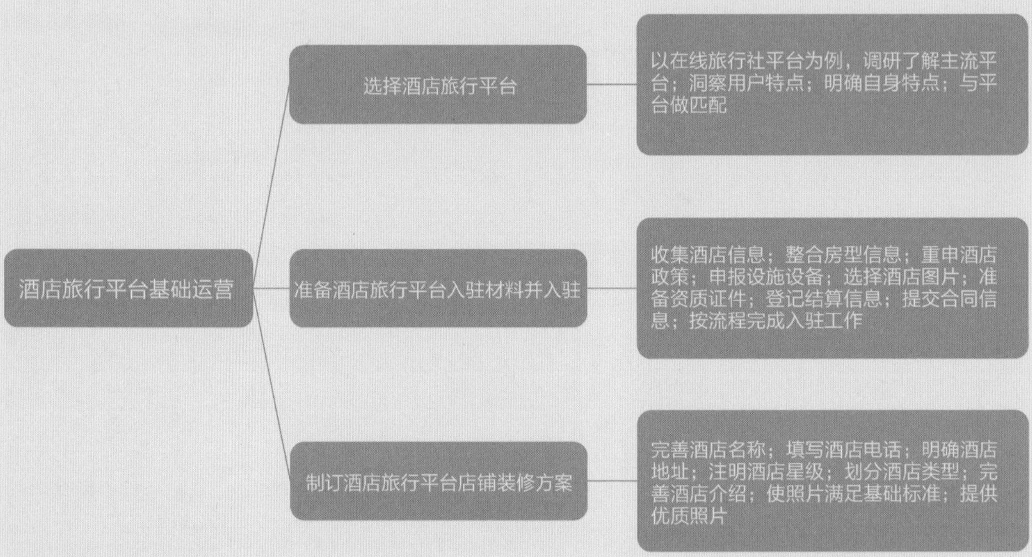

知识回顾

请学员在回顾《移动互联网运营（初级）》教材中的知识后回答以下问题。

（1）应如何对比入驻平台的差别？使用哪些元素来进行对比？

（2）店铺如何入驻平台？

子任务一　选择酒店旅行平台

任务背景

湖北宜昌的小李开了一家平价酒店，酒店刚成立，生意平平。为了获取更多的订单，小李想通过入驻在线旅行社平台来提高订单量。作为酒店的运营人员，你会怎么做？

任务分析

该任务是对酒店旅行平台中的在线旅行社进行选择。入驻在线旅行社第一步是选择对的平台，这点至关重要。首先要了解在线旅行社平台有哪些。每一家平台的特性及用户属性都不相同，只有详细了解了各平台的特性之后，才能依据平台特性选择合适的平台，以便从多角度、多平台展现自家酒店的卖点。

任务步骤

步骤 1 调研了解主流的在线旅行社平台。

调研内容尽量具体，并填入表 4-7 中。通过对比，运营人员能够初步了解各平台情况，并将自家酒店与平台做初步匹配。

表 4-7

平台	网址	入驻渠道	入驻类型	平台背景

步骤 2 洞察用户特点。

仅对平台做初步调研是不够的，还需要进一步洞察各平台用户的行为习惯，并做出清晰的用户画像及相关数据统计，将分析结果填入表 4-8。这些信息有助于做出有效的二次筛选，使选择的范围进一步缩小，为后期找到与自家酒店匹配的平台打下基础。

表 4-8

	产品自身				地域问题		用户画像					消费目的		
平台	酒店类型	房间数量	定价	房间类型	地区	地段	人均消费价格	类型偏好	复住率	年龄	性别	旅游	工作	其他

步骤 3 明确自身特点。

了解平台后，下一步要做的是明确自家酒店的特点，分析当前用户对产品偏爱的原因，并将分析结果填入表 4-9。

表 4-9

自家酒店情况				地域问题		用户画像					消费目的		
酒店类型	房间数量	定价	房间类型	地区	地段	人均消费价格	类型偏好	复住率	年龄	性别	旅游	工作	其他

步骤 4 与平台做匹配。

在做匹配之前，首先要明确入驻平台的最终目的是提升客单价，还是提高订单量。目的不同，对比的因素和数据自然就不同。要仔细对比相关数据，最后得出具体明确的结果。

任务思考

（1）如何明确自家酒店的卖点？

（2）如何将自家酒店与多个平台进行匹配？

子任务二　准备酒店旅行平台入驻材料并入驻

任务背景

经过上一步的分析对比，作为酒店的平台运营人员，你已经确定了要入驻的平台。接下来需要提交材料并完成入驻，你知道怎么做吗？

任务分析

虽然不同的平台有不同的入驻规则和机制，但所需的材料和步骤都大同小异。

任务步骤

步骤 1 收集酒店信息。

酒店信息是指酒店综合信息，主要包括基本信息、详细信息和联系人信息等三大部分。

■ 基本信息。

商户需要收集的酒店基本信息包括酒店名称、酒店电话、酒店类型、酒店地址、周边环境等，如图 4-9 所示。

■ 详细信息。

商户需收集的酒店详细信息包括开业时间、客房总数、酒店星级、酒店简介、房间类型及房间价格等，如图 4-10 所示。

4-3

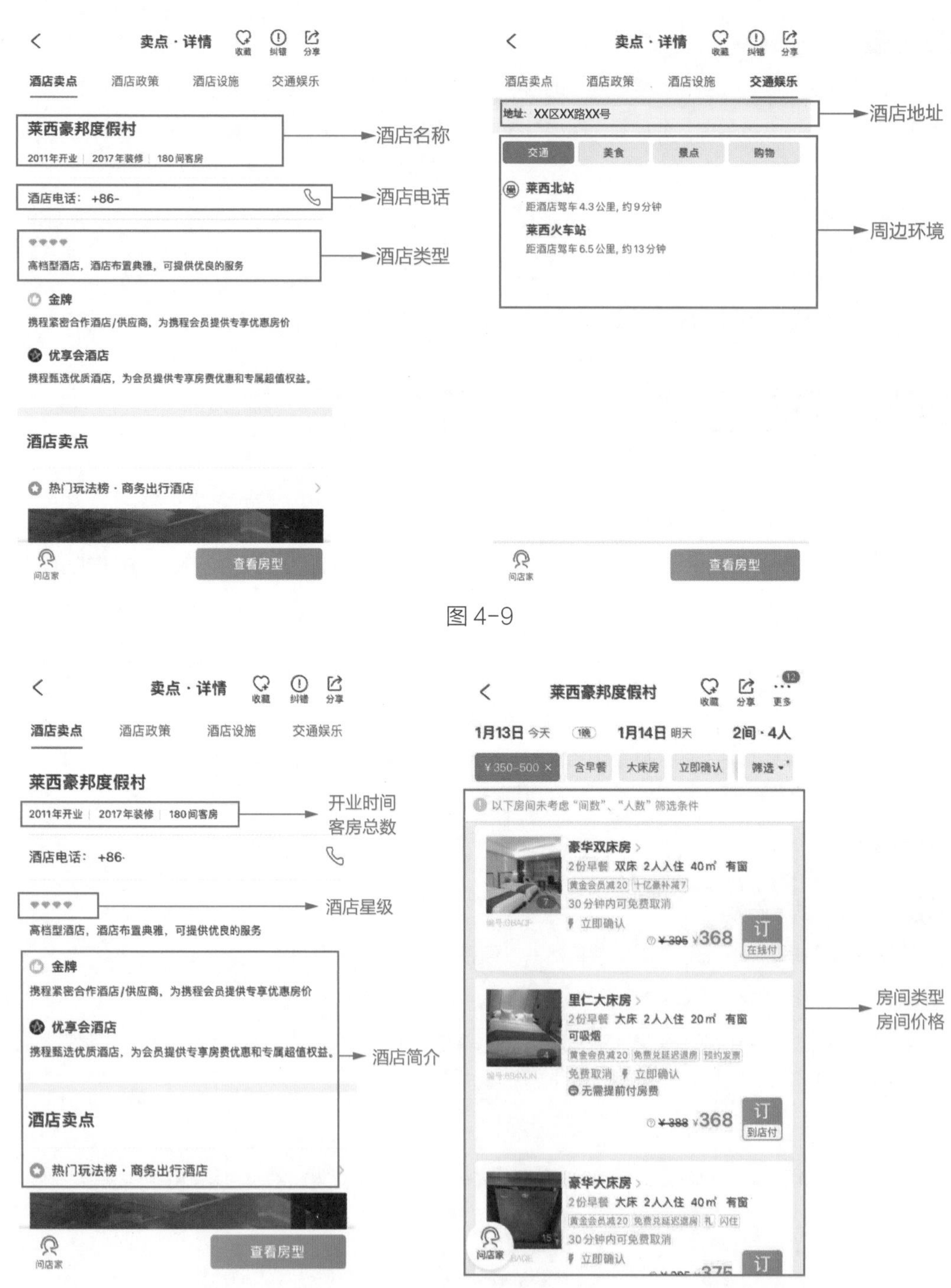
卖点 · 详情
收藏
纠错
分享
酒店卖点
酒店政策
酒店设施
交通娱乐
莱西豪邦度假村
2011年开业 | 2017年装修 | 180间客房
酒店名称
酒店电话：+86-
酒店电话
高档型酒店，酒店布置典雅，可提供优良的服务
酒店类型
金牌
携程紧密合作酒店/供应商，为携程会员提供专享优惠房价
优享会酒店
携程甄选优质酒店，为会员提供专享房费优惠和专属超值权益。
酒店卖点
热门玩法榜 · 商务出行酒店
问店家
查看房型
地址：XX区XX路XX号
酒店地址
交通
美食
景点
购物
莱西北站
距酒店驾车4.3公里，约9分钟
莱西火车站
距酒店驾车6.5公里，约13分钟
周边环境

图 4-9

卖点 · 详情
收藏
纠错
分享
酒店卖点
酒店政策
酒店设施
交通娱乐
莱西豪邦度假村
2011年开业 | 2017年装修 | 180间客房
开业时间
客房总数
酒店电话：+86-
酒店星级
高档型酒店，酒店布置典雅，可提供优良的服务
金牌
携程紧密合作酒店/供应商，为携程会员提供专享优惠房价
优享会酒店
携程甄选优质酒店，为会员提供专享房费优惠和专属超值权益。
酒店简介
酒店卖点
热门玩法榜 · 商务出行酒店
问店家
查看房型
莱西豪邦度假村
收藏
分享
更多
1月13日 今天
1晚
1月14日 明天
2间 · 4人
¥350-500 ×
含早餐
大床房
立即确认
筛选
以下房间未考虑“间数”、“人数”筛选条件
豪华双床房
2份早餐 双床 2人入住 40㎡ 有窗
黄金会员减20
十亿豪补减7
30分钟内可免费取消
立即确认
¥395 ¥368
订
在线付
里仁大床房
2份早餐 大床 2人入住 20㎡ 有窗
可吸烟
黄金会员减20
免费兑延迟退房
预约发票
免费取消
立即确认
无需提前付房费
¥388 ¥368
订
到店付
豪华大床房
2份早餐 大床 2人入住 40㎡ 有窗
黄金会员减20
免费兑延迟退房
礼
闪住
30分钟内可免费取消
立即确认
订
房间类型
房间价格

图 4-10

■ 联系人信息。

商户填写的联系人信息包括联系人姓名、联系人电话、联系人邮箱等，如图 4-11 所示。很多用户习惯将常住或印象不错的酒店作为第一选择，因此，联系人电话可以选择与微信绑定的号码，方便用户留存，提升用户的复住率、挖掘潜在用户。

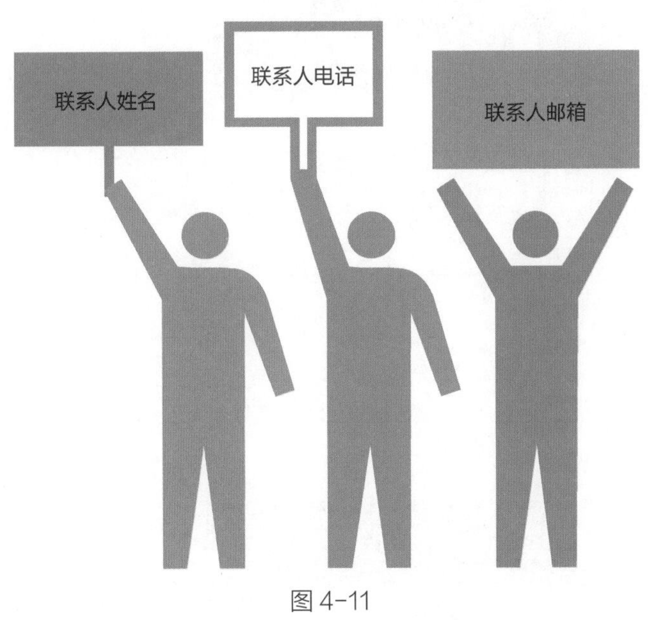

图 4-11

步骤 2 整合房型信息。

影响用户是否选择入住该酒店的最重要的信息是房型信息。是否附送早餐、有无窗户、是否临街、双床还是大床等条件都可能左右用户的选择。因此，商户需要将每一类房型的基本信息填写清楚，以便用户在预定时可根据自身的喜好和需求选择。

商户必填的房型信息主要包括物理房型信息和售卖房型信息两类。物理房型信息为用户关注的基础信息，如房型名称、标准房型、房间数、可住人数、面积、楼层、窗户、床型、能否加床、宽带情况、可否吸烟、房型描述、房间图片等，如图 4-12 所示；而售卖房型信息更多的是房间的附加信息，如房间价格、早餐份数、取消政策等，如图 4-13 所示。

4-3

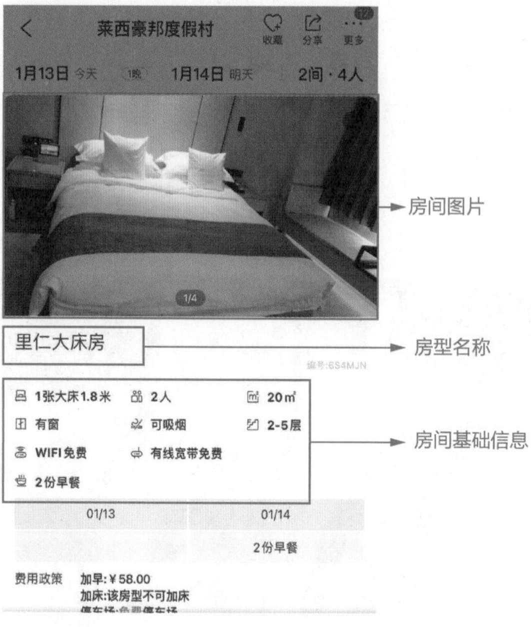
莱西豪邦度假村
收藏
分享
更多
1月13日 今天
1晚
1月14日 明天
2间 · 4人
1/4
房间图片
里仁大床房
房型名称
1张大床1.8米
2人
20㎡
有窗
可吸烟
2-5层
WIFI免费
有线宽带免费
2份早餐
房间基础信息
01/13
01/14
2份早餐
费用政策
加早:￥58.00
加床:该房型不可加床

图 4-12

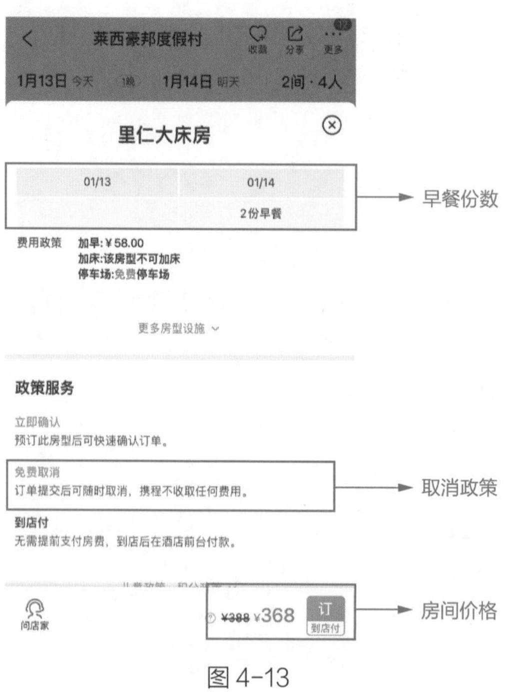
莱西豪邦度假村
收藏
分享
更多
1月13日 今天
1晚
1月14日 明天
2间 · 4人
里仁大床房
01/13
01/14
2份早餐
早餐份数
费用政策
加早:￥58.00
加床:该房型不可加床
停车场:免费停车场
更多房型设施
政策服务
立即确认
预订此房型后可快速确认订单。
免费取消
订单提交后可随时取消，携程不收取任何费用。
取消政策
到店付
无需提前支付房费，到店后在酒店前台付款。
问店家
￥388 ￥368
订
到店付
房间价格

图 4-13

步骤 3 重申酒店政策。

酒店政策会直接影响用户后续的入住体验，因未告知政策而为用户入住造成麻烦可能会影响酒店的口碑，进而影响酒店的订单量。所以，须明确声明酒店入住和离店时间等政策信息。

步骤 4 申报设施设备。

平台上的酒店评级是参考酒店设施、房型、房价、点评、服务等因素综合评定而得出的，所以商户需要勾选酒店自有的设施设备，保证不遗漏、不乱选。

步骤 5 选择酒店图片。

好的酒店介绍图片能够提升对用户的吸引力，提高用户下单的可能性，因此在平台上，须上传带有酒店招牌的图片、独立的前台图片、公共区域图片、餐饮环境图片等若干张不同类别的图片，方便用户对酒店环境做出评估。

步骤 6 准备资质证件。

资质证件表明酒店是否有资格入驻平台及承接用户入住，主要包括营业执照、个人证件、其他证件。若未能按要求提供资质证明，或其中有虚假内容，将面临无法入驻平台的风险。

酒店入驻需提供的资质证件如下。

■ 营业执照信息（必填）。

营业执照信息是证明酒店能承接用户的最基本的资质，为必填项，主要包含企业名称、法定代表人 / 经营者、住所 / 经营场所、经营范围、证件类型、统一社会信用代码、证件有效期、证件照片等。

■ 个人证件（必填）。

个人证件信息作为营业酒店的担保证明，必须提供法定代表人或经营者的个人证件信息。同时需注意，个人证件的主体要跟法定代表人或经营者保持一致，如需填写他人证件信息，则需要提供授权证明和证明模板。

■ 其他证件（选填）。

除了必填的营业执照、个人证件的信息外，若有消防检查合格证、税务登记证、特种行业经营许可证、卫生许可证、餐饮服务许可证等其他证件，也可拍照并上传图片，这些证件可提升酒店可信度，能够加速审核的通过。

步骤 7 登记结算信息。

入驻成功的酒店会与平台定期结算款项，所以在平台上登记的结算信息要真实、完整，否则可能会拿不到应得的费用。

结算信息包含结算周期、开票方式、账户名称、银行账号、开户银行、支行名称、银行行号等，如表 4-10 所示。

表 4-10

结算信息确认						
结算周期	开票方式	账户名称	银行账号	开户银行	支行名称	银行行号

发票信息包含酒店是否提供专票、发票抬头、纳税人识别号、公司地址、公司电话、开户银行、支行名称、开户行账号等，如表 4-11 所示。

表 4-11

发票信息确认							
是否提供专票	发票抬头	纳税人识别号	公司地址	公司电话	开户银行	支行名称	开户行账号

步骤 8 提交合同信息。

合同能够证明你是否为该酒店的正式商户，属于保障商户的机制之一，商户需要填写合同截止日期、手机号等内容，来确保平台可以联系到商户。全部填写完成后，即可提交申请单。

步骤 9 按流程完成入驻工作。

资料全部准备完毕后，从平台入驻的入口进入，根据流程逐步提交资料，待平台审核后即可完成酒店入驻工作。各平台的入驻流程虽有细微不同，但大体是一致的。

▶ 任务思考

（1）酒店入驻都需要准备哪些材料?

（2）酒店入驻分为哪几个步骤?

子任务三　制订酒店旅行平台店铺装修方案

▶ 任务背景

酒店已成功入驻平台，但由于尚未开始正式运营线上店铺，订单量并不高，这时需要装修店铺提高曝光率、获得用户资源。

▶ 任务分析

虽然不同的平台有不同的店铺装修规则，但常规的店铺装修大致包含信息维护和照片装修两种，各平台间的差别不大。

▶ 任务步骤

信息维护是酒店对外展示的基础信息，主要包括 6 个部分，即酒店名称、酒店电话、酒店地址、酒店星级、酒店类型以及酒店简介。

步骤 1 完善酒店名称。

酒店名称应与实际门店招牌一致，因平台机制问题，酒店名称必须以酒店 / 客栈 / 公寓 / 民宿等行业词作为后缀。

步骤 2 填写酒店电话。

许多酒店拥有多个对外联系的营业电话，通常酒店首选填写的是店内固定电话的总机号码，格式按照“区号 - 电话号 - 分机号”来填写；部分酒店无座机号码，则可提供常用与客人联系的手机号码。

鉴于目前许多用户经常使用线上沟通，提供的手机号码可尽量与酒店官方微信做绑定，并由专门的运营人员进行定期更新、维护，便于用户直接了解酒店信息，减少双方沟通成本。

步骤 3 明确酒店地址。

酒店地址需要明确而详细，地址首先需要选择好省份 / 城市 / 行政区等信息，再填写详细路名、门牌号（ × × 路 × × 号 ）。

若酒店位置比较偏僻，可选择通过周边地标建筑来体现地址信息。

步骤 4 注明酒店星级。

酒店拥有全国旅游星级饭店评定委员会颁发的挂牌星级证明，在某种程度上会影响用户的选择。

因此，商户在填写酒店基本信息时可直接按照证书上显示的星级填写。

若酒店为非挂牌星级酒店，可以先自我判断本店属于经济、舒适、高档、豪华中的哪一类型，平台后续会参考酒店所提供的资料，以及点评和服务等因素，为酒店做出综合评定。

步骤 5 划分酒店类型。

商户需要了解平台中每一种类型酒店的含义和竞争情况，再确定本店的类型，以便获得精准流量。

步骤 6 完善酒店的介绍。

对于酒店介绍，要确保语句通顺，无错别字和敏感字词。

同时需注意，酒店介绍的内容可以包含酒店的地理位置等多个方面，但避免使用“唯一”“最”等不符合相关法规要求的字词，同时保证字数为 30 ~ 400 字。

照片装修与酒店信息维护同等重要，好的照片可以大幅提升酒店对用户的吸引力，并使酒店从同类型店铺中脱颖而出。

步骤 7 使照片满足基础标准。

不同的酒店平台，会对照片进行不同的规划和要求，但照片尺寸以及照片大小的高限这类基本标准则大同小异，如上传的图片不得超过 5MB；仅支持 JPG、GIF、PNG 图片格式；图片中不得有人物出现；图片内容须与实际产品相符等。

步骤 8 提供优质照片。

在满足基本标准的基础上，优秀的照片的拍摄质量和内容展示也要足够好，例如要明暗适中，颜色要鲜亮、通透；构图要完整，能够凸显酒店卖点或优势内容。

特别要注意，要选择色彩鲜艳明亮、一目了然的酒店环境照片作为首图；选择卧室 / 客厅的图片作为房型首图。避免使用卫生间图片，若卫浴设施非常突出（如有设计感的大浴缸加上有特点的景观和软装布置），可酌情考虑。

▶ 任务思考

（1）店铺装修需要准备哪些材料？

（2）店铺装修使用的照片应如何拍摄与选择？